iPhone+Android
スマートフォンサイト制作入門
［改訂新版］

たにぐちまこと
Makoto Taniguchi

ASCII

- ●本書は情報の提供のみを目的としています。本書（サンプルプログラムを含む）を運用した結果について、著者およびアスキー・メディアワークスは一切の責任を負いません。
- ●本書の内容は2013年1月現在の情報に基づいています。WebサイトのURLやソフトウェアのバージョン等は予告なく変更されている場合があります。
- ●本書に登場する会社名、商品名は該当する各社の商標または登録商標です。
本書では®マークおよび™マークの表示を省略しています。

はじめに

　本書は、2011年に出版された同名書籍を、現在のスマートフォンサイトのトレンドに合わせて大幅に書き換えたものです。

　旧版の発行当時は、Androidの端末が増え始めて「活気を帯びてきた」（「はじめに」より）段階でしたが、今となっては「PCは使わない。スマートフォンのみでWebを見る」というユーザーが出てくるほど、Webの閲覧環境としては重要な地位を占めるようになりました。

　しかし、スマートフォンはPC向けのサイト以上に学ぶべきことや、設計時に考慮すべきことなどが多く、初学者の方にとっては何から学べばよいのか、何を知っておくべきなのか、分かりづらいのが現状です。

　本書は、そんな時代のトレンドに合わせ、「現在のスマートフォンサイト制作」を設計・構築・実装まで網羅して紹介しました。スマートフォン専用サイトの構築はもちろん、「レスポンシブWebデザイン」や「インブラウザーデザイン」、「CSSプリプロセッサー」など、これからのWeb制作のトレンドも紹介しています。

　逆に、細かなCSS実装テクニックや、端末ごとのクセを吸収するためのテクニックなど、個々のノウハウについては変化が激しいため、各クリエイターのブログなどを参照した方がよいと判断し、本書では普遍的な内容に重点を置いています。

　これからスマートフォン対応に取り組もうと考えているクリエイターの方、Webの学習を始めたばかりの学生の方などの手助けになれば幸いです。

　なお、本書の執筆に当たり、遅筆の筆者にねばり強くおつき合いいただき、細かくチェックしていただいた編集の小橋川さん。本書に掲載したすばらしいサンプルサイトをデザインしてくれた、anygraphicaの田代さん、H2O SPACEの幸。サイトの利用を快諾してくれたCOCOAの2人に、深く感謝いたします。

2013年2月
たにぐち まこと

iPhone＋Androidスマートフォンサイト制作入門 ●目次

第1章 ［準備編］サイト制作の前に知りたい基礎知識 ……9

1-1 スマートデバイス向けサイトとは ……10
- スマートデバイスの特徴 ……10
- 実例で見るスマートフォンサイト ……13
- 専用サイトとレスポンシブWebデザイン ……16

1-2 スマートデバイスの仕様を理解する ……22
- スマートフォンサイトの制作に必要な知識 ……22
- iPhoneの仕様を知る ……23
- Androidの仕様を確認する ……32

1-3 スマートフォンサイトの制作環境を整える ……39
- エディターとWebサーバーを用意する ……39
- PC上で確認できるプレビュー環境を用意する ……44
- シミュレーターをインストールする ……45

［もっと知りたい！❶］スマートフォンサイトではなく専用アプリで対応する ……21
［もっと知りたい！❷］実機での確認をらくらく効率化 ……53

第2章 ［設計編］スマートフォンサイトの設計・デザイン ……55

2-1 スマートフォンサイトの企画と構造設計 ……56
- サイト制作のワークフロー ……56
- スマートフォンならではのサイトを企画しよう ……57
- サイト設計は「検索」「ソーシャル」の流入から ……59
- ゴール設計は来店や電話を重視する ……60
- 階層はなるべく浅く、1ページは長く ……66
- 実例：アーティストサイトを企画する ……67

2-2 スマートフォンサイトの画面設計 ……69
- ワイヤーフレームを描く ……69
- 画面設計はiPhone 4/4Sをベースに ……70
- スマホサイトの画面設計のポイント ……72

2-3 グラフィックソフトでデザインカンプを作る ……81
- デザインカンプとインブラウザーデザイン ……81
- スマートフォンサイトをデザインするポイント ……83

第3章 [制作編] HTML/CSSの作成とサイトの公開 ……91

3-1 HTMLの基本的なマークアップ ……92
- HTMLテンプレートを用意する ……92
- 基本的な要素をマークアップする ……96

3-2 CSS3でスマホサイトをスタイリング ……103
- 基本のスタイルを整える ……103
- 要素のコーナーを丸くする ……104
- テキストにドロップシャドウを適用する ……109
- CSSスプライトによるパーツの配置 ……110

3-3 使いやすさをアップする仕上げの作業 ……118
- リンクの設置 ……118
- ホーム画面用のアイコンを作る ……119

3-4 PCとスマートフォンサイトを振り分ける ……130
- PCサイトからスマートフォンサイトへの誘導 ……130
- PCサイトとスマートフォンサイトを行き来する ……136
- スマートフォンサイトの完成 ……137

[もっと知りたい!❸] HTML5/CSS3を学ぶ ……113
[もっと知りたい!❹] URLリンクのいろいろな方法 ……122
[もっと知りたい!❺] CSSプリプロセッサーの利用 ……139

第4章 [実践編] サイト制作の実践テクニック ……143

4-1 レスポンシブWebデザインのエッセンス ……144
- スマホサイトをレスポンシブに改造しよう ……144
- ブレイクポイントを設計する ……145
- メディアクエリーを使ってみる ……146
- メディアクエリーによるレイアウトの切り替え ……148

4-2 jQueryを使ってみよう ……161
- jQueryの基本的な使い方 ……161

4-3 jQueryで高精細ディスプレイに対応 ……164
- 画像を置き換える処理をする ……164

4-4 jQueryでシンプルなタブパネルを作る ……… 166
- タブパネルのHTML/CSSを用意する ……… 166
- jQueryでタブの表示／非表示を制御する ……… 168

4-5 スマートフォンサイトにバルーンポップアップを組み込む ……… 171
- シンプルなポップアップを作成しよう ……… 171
- HTML／CSSを用意する ……… 171
- JavaScriptで位置を調整する ……… 172
- jQueryプラグインを使う ……… 174

4-6 使いやすいフォームのデザイン ……… 178
- HTML5の新機能でフォームをマークアップ ……… 178
- スタイルシートの工夫 ……… 181
- JavaScriptで仕上げる ……… 184

[もっと知りたい！❻] フレームワークを使ったインブラウザーデザイン ……… 152
[もっと知りたい！❼] CSS Transitionsを使ったアニメーション ……… 176
[もっと知りたい！❽] 変換ツールを利用した既存サイトのスマートフォン対応 ……… 188

索引 ……… 189

〈本書の構成〉

本書は、iPhoneやAndroidといったスマートフォン向けに最適化したWebサイト（スマートフォンサイト）について解説した入門書です。全4章からなり、第1章から順番に読み進めることで、スマートフォンサイトの企画・設計から制作までの基本的な流れを理解できます。

第1章［準備編］サイト制作の前に知りたい基礎知識

スマートフォンサイトの制作にあたって必要な基礎知識を解説します。スマートフォンの特性や最適化のアプローチ、iPhone/Androidの仕様を確認します。スマートフォンサイトの制作に欠かせない検証環境の構築方法も紹介します。

第2章［設計編］スマートフォンサイトの設計・デザイン

スマートフォンサイトの構造設計・画面設計を中心に解説します。サンプルサイトを例に、サイトマップ、ワイヤーフレーム、デザインカンプを作成します。スマートフォンサイトの特性や制限を意識した設計のポイントを学びます。

第3章［制作編］HTML/CSSの作成とサイトの公開

第2章で作成したデザインカンプをもとに、スマートフォンサイトを制作します。HTML5やCSS3を使ったマークアップのポイントや、JavaScriptを使ったPCサイトからの誘導方法を解説します。

第4章［実践編］サイト制作の実践テクニック

スマートフォンサイト制作ですぐに使える実装テクニックを紹介します。ワンソースでレイアウトを切り替える「レスポンシブWebデザイン」のアプローチや、スマートフォンサイトのUI作成に欠かせないjQueryの基本的な使い方を学びます。

また、各節の間にはコラム「もっと知りたい！」を設けています。本文では説明しきれなかった発展的な内容や、今後の学習に役立つ補足情報をまとめています。あわせて参考にしてください。

〈サンプルファイルについて〉

本書のサンプルファイルは、以下のURLからダウンロードできます。

http://go.ascii.jp/?nsp_sample

サンプルファイルの構成

サンプルファイルはZIP形式で圧縮されています。展開ソフトなどで展開し、本文に示したサンプルファイルのフォルダ構造に沿ってご利用ください。

サンプルファイルの利用条件

サンプルファイルに含まれるHTML/CSS/JavaScriptのソースコードは、商用・非商用を問わず自由に利用できます。利用にあたって著作権表示や申請等は必要ありません。

ただし、サンプルファイルそのものの再配布や販売はできません。また、サンプルに含まれる写真素材等の画像については二次利用できません。動作確認にのみご利用ください。

動作環境

収録したサンプルは、iPhone 3GS〜iPhone 5およびAndroid 2.1〜4.2の端末で表示・動作を確認していますが、すべてのスマートフォンでの動作を保証するものではありません。

〈本書の見方〉

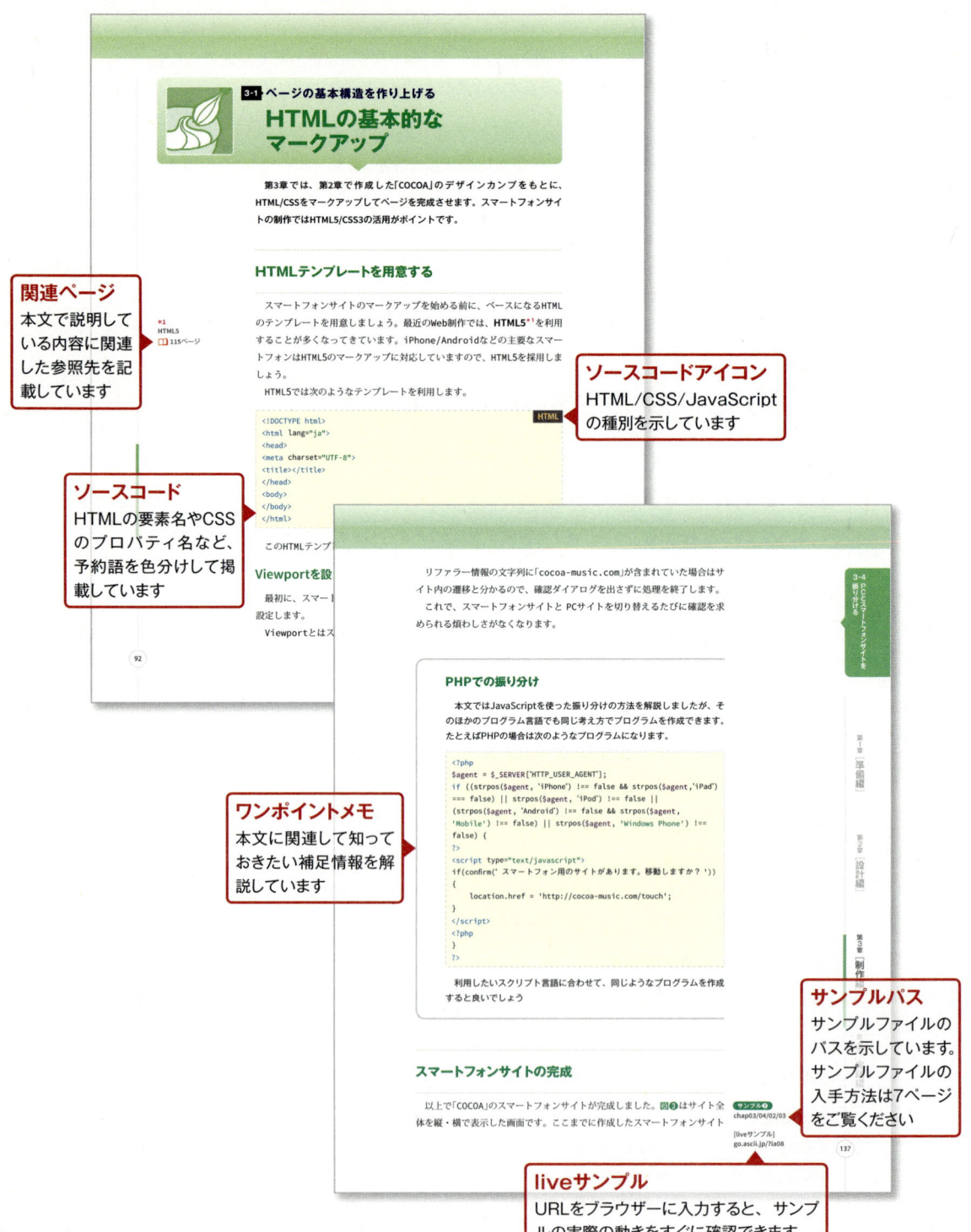

第 1 章

［準備編］
サイト制作の前に知りたい基礎知識

1-1 スマートデバイス向けサイトとは …… 10

1-2 スマートデバイスの仕様を理解する …… 22

1-3 スマートフォンサイトの制作環境を整える …… 39

1-1 PCサイトとは何が違うの?
スマートデバイス向けサイトとは

　スマートフォンは今や携帯電話の代名詞となり、若い人たちを中心に、WebサイトをPCではなくスマートフォンだけで閲覧する「PC離れ」さえ引き起こしています。

　今や、Webサイト制作において、スマートフォンやタブレット端末を含めた「スマートデバイス」への対応は、必然と言えるでしょう。

　スマートデバイスに対応するには、PC向けのWebサイトと、どんなところを変えていかなければならないのでしょうか？　まずは、スマートデバイスの特徴を押さえておきましょう。

スマートデバイスの特徴

　スマートデバイスには次のような特徴があります。

画面が狭く、小さい文字が読みにくい

　スマートデバイスは、PCに比べて画面が非常に狭く、表示できる情報量は少なくなります。また、スマートフォンの場合は揺れる電車の中や歩きながらなど、条件の悪い状態で閲覧するため、小さな文字は読みにくくなってしまうでしょう。

　画面を拡大することもできますが、たとえばiPhoneでは2本指で画面をつまむような操作（ピンチイン・アウト）が必要で、片手で操作するユーザーには操作が難しく、おっくうです。

　また、太陽光などの下で画面を見ることも多く、コントラストの低い画面は見にくい場合もあります。

　そのため、スマートデバイス向けのWebサイトは、PC向けのサイトよりも文字サイズを大きく、またコントラストを高めにして、淡い色よりもはっきりとした色が好まれます（図❶）。

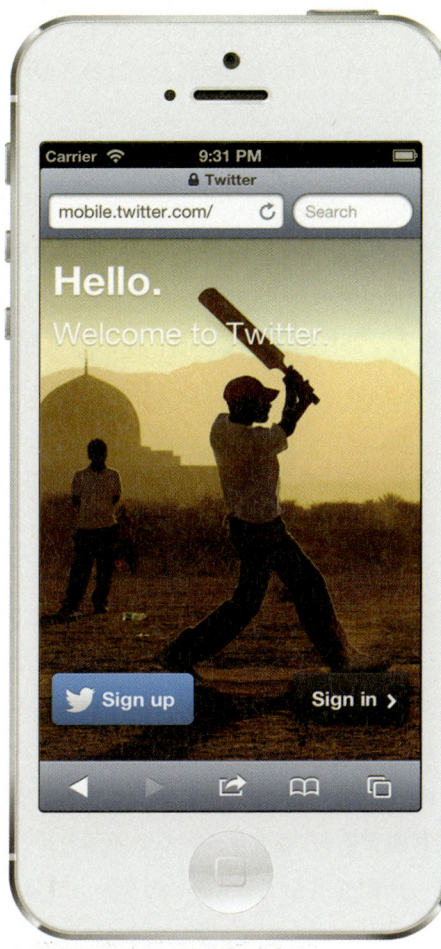

図❶
Twitter (http://mobile.twitter.com/)のトップページ。濃い背景色に、はっきりとした色使いでボタンが表示されている

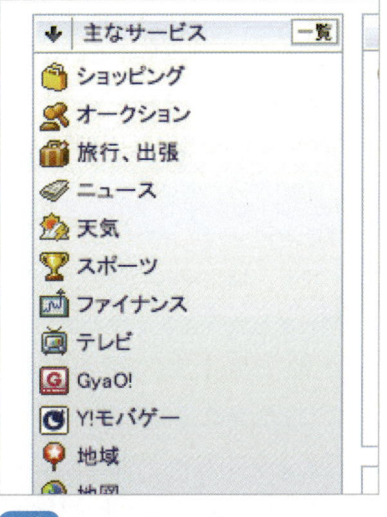

図❷
Yahoo! JAPANのPC版サイト。リンクが込み入っているので、スマートデバイスで見ようとすると、非常にタップしにくくなってしまうだろう

指での操作が基本

　現在主流のスマートフォンは、大半が全面液晶パネルを採用し、**ほとんどのユーザーは指で操作**をします。

　そのため、マウス操作を前提とした小さなボタンなどのパーツや、従来のPCサイトのようにテキストにリンクを張っただけではタップがしにくくなってしまいます。また、パーツ同士が近づきすぎていると誤ってタップすることがあり、非常に操作しにくいと言えます（図❷）。

　「Google Chrome for Android」などの一部のブラウザーは、リンクが密接している場所をタップすると、拡大して正確にタップができるような仕組みを備えていますが、iPhoneなどの他のスマートデバイスやブラウザーを考慮するとこの機能に頼ることはできません。

ユーザーがタップするパーツは、ボタンであれば大きな形状で、テキストリンクの場合でもできるだけリンク幅を広く、パーツ同士の間隔を空ける必要があります（図❸）。

回線速度が遅い

　スマートフォンは無線LANに対応しているとはいえ、携帯電話の通信回線を利用するのが基本です。高速な「LTE回線」に対応した端末もありますが、2013年1月現在、利用できるのは首都圏などの一部に留まっており、多くの場合、光ファイバーなどのブロードバンド回線に比べて通信速度が非常に遅い環境下で使われることになります。

　そのため、各ページのデータ量を抑えて、すばやく表示させることが必要です。

　また、携帯電話の回線は非常に不安定で、地下鉄内や高速移動中は通信が途切れてしまうことも多々あります。そのため、あまりページ遷移を強いるWebサイトの構成では、ユーザーが次のページを表示しようとしたときに見られないことも考えられます。ページ遷移をできるだけ少なくして、1回の読み込みでできるだけ多くの情報を伝えることも必要です（図❹）。

　このように、スマートデバイスでは「**狭い画面に大きなパーツを配置する**」「**ブロードバンド時代に低速な通信回線を意識する**」といった、多くの矛盾を乗り越えるWebサイト制作が求められます。情報提供を主とするWebサイトでは、

図❸
Yahoo!トラベル（http://travel.yahoo.co.jp/）のスマートフォン向けサイト。ボタンも分かりやすく文字も非常に大きいため、タップしやすい

図❹
コカコーラ（http://www.cocacola.co.jp/）のスマートフォン向けサイト。ページ内に多くのバナーが配置されており、それが横にスライドして読み込むことなく閲覧できる

文字情報をできるだけ1ページ内に詰め込んで、ユーザーに情報を提供することが必要です。ファッションの通信販売サイトなどの場合には、写真をうまく活用してアピールすることも必要となるでしょう。

Webサイトにとってもっとも重要な要素は何かを見極めながら、バランス感のあるWebサイト制作が求められます。

スマートフォンに置き換わるフィーチャーフォン

2013年1月現在、スマートフォンの利用シェアは30%程度となっており、全体のシェアとしてはそれほど高いとはいえません（インプレスR&D調べ）。しかし同時に、各キャリアから発売される端末からは、従来の携帯電話（フィーチャーフォン）のラインナップは激減し、スマートフォン一色となっています。

キャリアによっては、発売されるすべての端末がスマートフォンという時期もあるほどです。これには、開発メーカー側の事情が反映されていると考えます。

従来の携帯電話の場合、ハードウェアもソフトウェアも基本的にはメーカーが自前で開発する必要があるため、非常に手間がかかってしまいます。たとえば、最新の地理情報を取り込んだ地図ソフトや、Twitter、Facebookへの対応など、インターネットのすばやい動きに対応していかなければなりません。

スマートフォンの場合は、Android OSを採用することで大抵の機能はすでに準備されており、またサードパーティのソフトウェアをインストールすることで、最新のトレンドに簡単に対応できます。機種依存も少なく、一度開発したソフトは長く利用できるでしょう。

今後、ほとんどの携帯電話がスマートフォンに置き換わる日もそう遠くないでしょう。

実例で見るスマートフォンサイト

スマートフォンの普及に伴い、スマートフォン向けのWebサイトも急激に増加しています。ここでは、デザインに優れたWebサイトや、使いやすさを工夫したサイトを中心に、いくつか紹介していきましょう。

▶**ビューティーナビ**(http://beautynavi.woman.excite.co.jp/)

　全国の美容室を検索できるWebサイト。女性の「美容室を探したい」というニーズは外出先でも高く、スマートフォンに最適なコンテンツを提供しています。

図❺
ビューティーナビ。美容室を検索できる

▶**キューピー**(http://m.kewpie.co.jp/sp/)

　マヨネーズの販促サイト。「今週のレシピ」コーナーでは、マヨネーズを使った週替わりのレシピが掲載されていて、料理をしながらスマートフォンで閲覧できます。

図❻
キューピー。レシピ情報などを掲載している

▶ **ミスタードーナツ**(http://www.misterdonut.jp/sp/)

　GPS機能と連携し、現在地の近くのお店を表示する「お店をさがす」というページを用意。ドーナツを食べたくなったときにすぐにお店まで誘導してくれる便利な機能です。

図❼ ミスタードーナツ。現在地付近の店舗を検索できる

▶ **ゆうちょ家族**(http://www.yucho-kazoku.jp/s/)

　ゆうちょ銀行のプロモーションサイト。幅広い利用者を抱えるゆうちょでは、高齢者も大きなターゲット。高齢者の場合、PCをうまく使えないことも多いので、スマートデバイス向けのWebサイトは今後ますます重要になるでしょう。

図❽ ゆうちょ家族。幅広い利用者に向けた情報を掲載

▶東京ディズニーリゾート（http://s.tokyodisneyresort.jp/）
「今日のパーク情報」で、駐車場の空き状況やホテルのイベント情報などを閲覧できます。ディズニーランドに行く途中、道すがら確認できるので便利です。

図❾
東京ディズニーリゾート。その日の情報が確認できる

専用サイトとレスポンシブWebデザイン

　Webサイトをスマートフォンに対応させる方法として、現在では大きく次の2つの方法があります。

　1.PCとは別に「スマートフォン専用サイト」を制作して振り分ける
　2.PCとスマホの共用サイト「レスポンシブWebデザイン」を制作する

専用サイトの制作

　もっともベーシックな対応は、PC向けのサイトとは別にスマートフォン向けのWebサイトをサブドメインやディレクトリで分けて構築し、JavaScriptやサーバーサイドの技術で振り分ける方法です。たとえば、Twitterの場合、PC向けのWebサイトは、

　http://www.twitter.com/

というURLですが、スマートフォンでアクセスすると
　http://mobile.twitter.com/
に移動し、専用サイトが展開されます。
　スマートフォン専用サイトは次のような特徴があります。

メリット
- デザインが自由になるため、操作性のよいサイトを作れる
- スマートフォンで見せる情報・見せない情報を分けられるので情報整理がしやすい

デメリット
- デザインやHTMLを2種類作らなければならないため、手間がかかる
- 同じ情報を両サイトに掲載する場合に手間がかかる

　多くのメリットがある反面、問題点もあります。これらの問題の解決方法を含めて、具体的な制作方法は第2～3章で紹介します。

レスポンシブWebデザイン

　スマートフォン対応の新しい流れとして注目されているのが「レスポンシブWebデザイン」という制作手法です。
　レスポンシブWebデザインは、1つのHTMLの見た目を、閲覧環境に応じてCSSで切り替える手法で、さまざまな大きさのスクリーンデバイスに対応できます。これまでも「マルチスクリーンサイト」や「マルチデバイスサイト」、「リキッドデザイン」などのさまざまな言葉で呼ばれてきましたが、2010年5月に米国の開発者であるイーサン・マルコッテ氏が「Responsive Web Design」という言葉を提唱し、一般的になりました。略して「レスポンシブデザイン」などと呼ばれることもあります。
　レスポンシブWebデザインで制作されたWebサイトは、PCのWebブラウザーで閲覧すると図⓾のように見えるWebサイトが、iPhoneで閲覧すると図⓫のように表示されます。

図❿
NHKスタジオパーク（http://www.nhk.or.jp/studiopark/）のWebサイト。Webブラウザーの大きさによってレイアウトが変化する

図⓫
同じサイトをスマートフォンで閲覧した場合。URLやHTMLは変わっていないが、CSSなどによってレイアウトが変わっている

　また、同じPCのWebブラウザーで閲覧していても、ウィンドウの大きさを変化させると図⓬のように次々とレイアウトが変化し、横にはみ出ることなくすべてのコンテンツを閲覧できるようになっています。

図⓬
同じPCのWebブラウザーでも大きさによってレイアウトが変化する

このように、画面の大きさを判別しながら適切なレイアウトに調整していく手法が、レスポンシブWebデザインの基本です。次のような特徴があります。

メリット
- URLやHTMLが1つで済むため、管理がしやすい
- さまざまな大きさのスクリーンに柔軟に対応ができる

デメリット
- 画面設計やデザイン作業が煩雑になり難しい
- 画像などのコンテンツを、常にさまざまなデバイスを考慮して用意する必要がある

　メリット、デメリットを踏まえた具体的な制作方法については、第4章で紹介します。

携帯サイトをスマートフォンに流用する

　スマートフォンサイトの制作方法として、iモードなどの従来の携帯電話向けサイトを流用する方法もあります。
　しかし、スマートフォンと従来の携帯電話には大きな違いがあり、どちらかというとPCに近いスマートフォンでは、流用は難しいでしょう。流用する場合は以下のような点に対応する必要があります。

●半角カナ
　狭い画面領域を効率的に使うために、携帯サイトでは「半角カナ」が使われてきました。しかし、スマートフォンサイトでは可読性などの理由から、半角カナが使われることはほとんどありません。エディターソフトの変換機能などを使って、「全角カナ」に変換する必要があります。

●絵文字
　携帯サイトで特徴的な機能といえば「絵文字」と言われる特殊な記号です。携帯電話でのみ使用され、通信キャリアによって規格が統一されていない、非常に特殊な文化と言えます。

スマートフォンのブラウザーでは絵文字は表示できませんので、削除するかもしくは画像などに置き換える必要があります。

●アクセスキー
　携帯電話のキーボード操作でサイト内を移動できる「アクセスキー」もスマートフォンでは利用できません。アクセスキーでの操作を前提に設計された携帯サイトの場合、スマートフォンでは使い勝手が極めて悪くなる可能性があります。スマートフォンの実機で検証し、必要に応じてナビゲーションを再検討する必要があります。

　これらの作業を補助するソフトやサービスもありますので、それらを利用してもよいでしょう。とはいえ、あくまでも一時的な対処には変わりませんので、いずれはスマートフォン向けに設計段階から最適化したサイトを制作しましょう。

もっと知りたい！❶

スマートフォンサイトではなく
専用アプリで対応する

　Webサイトでは実現しにくい機能を提供するために、スマートフォンサイトではなく、iPhoneのApp StoreやGoogle Playで専用アプリを配布する場合もあります。たとえば、「Yahoo! JAPAN」は、スマートフォンサイトから各種情報にアクセスできますが、地図や天気、オークションなどの一部のサービスは専用アプリも提供しています。外出先で頻繁に参照したい情報や、即時性を求められる情報にはアプリの提供がスムーズと判断したためでしょう。

図❶
Yahoo! JAPANはスマートフォン向けのアプリも多数提供している（http://smartapp.yahoo.co.jp/）

　スマートフォン対応にあたってどの方法がよいかは、運営するWebサイトの規模や構造、ユーザーの傾向によって異なるので、一概には言えません。すべてのコンテンツをスマートフォンサイトで提供したり、専用アプリを配布したりする方法はスマートフォンユーザーにとってのメリットが大きい半面、クライアント（発注者）からするとそれなりの開発・構築費用を見込まなければなりません。

　一般的な企業サイトであれば、一部のコンテンツからスマートフォン対応を始めて、アクセス解析の結果やスマートフォンの普及状況を見ながら徐々に対応範囲を広げていくのが現状ではもっとも現実的かもしれません。

1-2 機種と世代の違いを頭に入れよう
スマートデバイスの仕様を理解する

　PCとも携帯電話とも違うスマートフォンのWebサイト制作では、これまでのWeb制作の知識に加えて、固有の知識も要求されます。[1-2]では、スマートフォンサイトの制作に必要となる知識をまとめます。

スマートフォンサイトの制作に必要な知識

　[1-1]ではさまざまなスマートフォンサイトの実例と制作のアプローチを紹介しました。スマートフォンサイトを制作するには、大きく3つの知識が求められます。

❶HTML5+CSS3

　従来の携帯電話（フィーチャーフォン）の場合、HTMLやCSSは各キャリアによって実装が大きく異なり、独特な知識が必要でした。しかし、スマートフォンに搭載されているWebブラウザーはいわゆる「フルブラウザー」なので、PC向けのWebサイトと共通点が多く、フィーチャーフォンに比べて制作は楽です。

　HTML5やCSS3への対応も進んでおり、PCのように古いブラウザーが存在しない分、新しい技術が使いやすいと言えます。

❷JavaScript

　PCサイトとの共通点が多い半面、タッチパネルによる操作が基本となるスマートフォンは、マウス操作が前提のPCと違う点もあります。2本指を使ったジェスチャーや画面の拡大・縮小など、スマートフォンならではの操作性を活用するには、JavaScript開発が不可欠です。

　最近ではPCサイトでもJavaScriptを使う機会は増えていますが、スマートフォンではPCサイト以上に積極的に活用し、操作性のよいWebサイトを

制作する必要があります。

❸スマートフォンの特徴・仕様

　iPhoneには、「iPhone 3G/3GS」「iPhone 4/4S」「iPhone 5」といった世代の違いのほか、兄弟端末の「iPod touch」や「iPad」もあります。

　一方のAndroidは国内外のさまざまなハードメーカーが端末を発売しており、ハードウェアのスペックや搭載されているOS／ブラウザーの仕様に違いがあります。また、2012年12月現在、国内ではほとんど利用されていませんが、海外では一定のシェアを持つWindows Phoneの存在もあります。

　これらのプラットフォームや端末の特徴を把握したうえでのサイト制作が求められます。

　3つの知識のうち、❶のHTML/CSSや、❷のJavaScriptについては第2章以降で詳しく解説しますので、ここではまず❸のスマートフォンの基本的な仕様について確認しておきましょう。

iPhoneの仕様を知る

　iPhoneは2007年に米国で初代機が発売され（日本では未発売）、その後、iPhone 3G/iPhone 3GS/iPhone 4/iPhone 4S/iPhone 5の順番で発売されました（図❶）。2013年1月現在の最新機種は「iPhone 5」です。ここではWeb制作に関係する部分、特にブラウザーまわりを中心に掘り下げていきましょう。

iPhone 3G

iPhone 4

iPhone5

図❶
国内で発売された歴代のiPhone（主要機種のみ）

iPhoneの兄弟分、「iPod touch」と「iPad」

　iOS（iPhone OS）を搭載した端末には、iPhone以外に「iPod touch」と「iPad（iPad miniを含む）」があります。iPod touchは2007年に第1世代が発売されたあと、iPhoneのモデルチェンジに合わせて第2〜5世代が発売されています。

　iPod touchは、iPhoneから携帯電話の通話機能などの一部機能を省いた音楽プレイヤーです。Wi-Fi（無線LAN）環境下でしか利用できないものの、iPhoneと同じWebブラウザーを搭載しており、Web閲覧端末としても利用できます。そのため、Web制作においてはiPod touchも「スマートフォン」と見なしてほぼ問題ないでしょう。

　iPadは「Wi-Fiモデル」と「3Gモデル」があり、3Gモデルでは携帯電話の通信回線を利用できるので、見方によっては「スマートフォン」と言えるかもしれません。しかし、本体サイズが240×190mm、画面サイズが9.7インチ、解像度が768×1024px（第3世代以降は 1536×2048px）もあるので、Web閲覧端末としてはスマートフォンよりもノートパソコンに近い存在です。iPhone向けに最適化されたサイトはiPadでは逆に見づらいことが多く、iPhoneとiPadは切り離して考えるのが一般的です。実際、iPhoneからのアクセスをスマートフォンサイトへ振り分けているYahoo! JAPANやNAVERも、iPadではあえてPC向けのWebサイトを表示しています。

iPod touch（左）とiPad（右）。いずれもiPhoneに近い機能を持つ兄弟分的な端末

ディスプレイサイズと画面解像度

　iPhoneに搭載されているディスプレイは表❶の通り、世代が上がるに伴ってサイズや解像度が変化します。特に、iPhone 4以降には**「Retinaディスプレイ[*1]」**と呼ばれる高精細ディスプレイが搭載されており、Webサイトでも対応が必要です。

[*1] Retinaディスプレイの具体的な対応方法は164ページで解説します

表❶　iPhoneの画面解像度の推移

機種名	iPhone 3G	iPhone 3GS	iPhone 4	iPhone 4S	iPhone 5
画面解像度	480×320px		960×640px		1136×640px
ppi	163ppi		326ppi		

Retinaディスプレイが搭載されたiPhone 4でppiが2倍になったため、解像度が一気に上がっている

iPhone/iPod touchのOSと標準ブラウザー

　iPhone/iPod touchにはアップルがスマートデバイス用に開発した専用OS**「iOS」**(3.0以前は「iPhone OS」)が搭載されています。iOSは初代iPhoneにiPhone OS 1.0が搭載されて以来、新モデルの発表に合わせてバージョンを重ねており、iPhone 3G以降はユーザーがOSをバージョンアップできるようになっています(2013年1月現在の最新版は6.1)。

　iOSに付属するWebブラウザーが**「Safari」**です。Safariはもともとアップルが OS X向けに開発したWebブラウザーで、基本的な表示能力はiPhone版もOS X版もほぼ同じですが、両者をあえて区別するためにiPhone版を**「Mobile Safari」**と呼ぶこともあります(図❷)。

　Safariはオープンソースのレンダリングエンジン**「WebKit」**を採用し、HTML5やCSS3といった最新技術をいち早く取り入れている先進的なWebブラウザーです。JavaScriptが高速に動作するのも特徴で、グーグルの「Chrome」やオペラソフトウェアの「Opera」など、JavaScriptの実行速度の評価が高いブラウザーとも肩を並べる性能を誇っています。

　iPhoneに搭載されているSafariは、iOSのバージョンアップに合わせてアップデートされており、2013年1月時点の最新版は「6.1」です。ただし、バージョンアップにおける変更点は、ほとんどの場合、Twitterや

iPhoneの標準ブラウザー「Mobile Safari」（左）はMac OS用の「Safari」（右）とほぼ同じ表示能力を持つ

Facebookとの連携といった機能の追加、セキュリティアップデートなどが主で、Webページの基本的なレンダリング性能は安定しています。HTML5やCSS3の実装が進むことがあるので、それらを利用したページの場合は表示結果が異なることもありますが、PCサイトのように「Internet Explorerのバージョン6と8で表示結果がまったく異なる」といったケースは少なく、制作者にとっては扱いやすいブラウザーです。

派生ブラウザーとWebView

　iPhone向けのアプリケーションをダウンロードできる「App Store」には、世界中の開発者が開発したさまざまなアプリケーションが配布・販売されて

WebKitとは

　WebKitは「HTMLレンダリングエンジン」と呼ばれるプログラムの一種で、Webブラウザーの内部でHTMLやCSSを解釈し、画面に描画する役割を担います。

　もともとはアップルがOS X版のSafariのために「KHTML」というオープンソースレンダリングエンジンを改良して開発したものですが、同時にオープンソースとして公開したことから、「Google Chrome」などのPC向けのブラウザー、「Dreamweaver」などのオーサリングツール、ゲーム機向けのブラウザーなど、さまざまな用途で利用されています。

　iOS、Androidともに標準ブラウザーで採用していることから、近年ではレンダリングエンジンの主流となっています。

います。中にはWebブラウザーもありますが、ほとんどは「WebView」と呼ばれるSafariの表示機能を利用しているので、Webページのレンダリング結果はSafariとほぼ同じです。非常にややこしいのですが、グーグルがiPhone向けに提供している「Google Chrome」ですら、表示機能はChromeのレンダリングエンジンではなく、WebViewを利用しています（図❸）。

図❸
iOS版のGoogle Chrome（左）。ユーザーインターフェイスの違いはあるものの、表示結果はSafari（右）とほぼ同じ

このため、iPhone専用サイトを制作するときはMobile Safariへ対応しておけばよいでしょう。

唯一の例外が、オペラソフトウェアの「Opera mini」[*2]です。Opera miniはレンダリングエンジンを内蔵しておらず、オペラのサーバー上でレンダリングした結果を受け取って表示します。そのため、Safariと表示結果に違いが出ます（図❹）。

*2
http://www.opera.com/mobile/

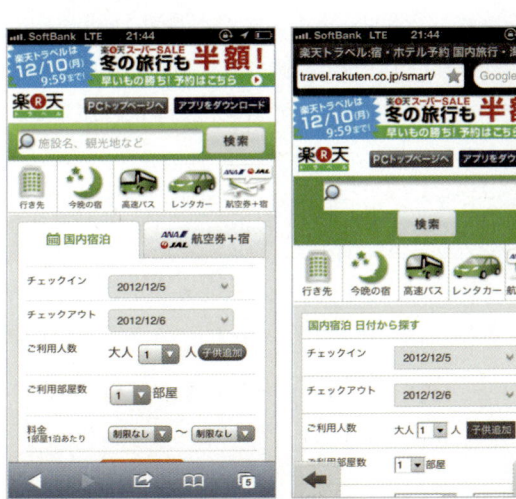

図❹
標準の「Safari」（左）と、「Opera mini」（右）の表示の違い。角丸の処理などに違いがある

本書ではほとんどのユーザーが使うMobile Safariにターゲットを絞りますが、Opera miniで閲覧するユーザーも対象にする場合は表示結果の違いに注意してください。中にはOpera miniからのアクセスをPCとみなすiPhoneサイトもあります。

Mobile Safariの制限

iPhoneに搭載されているMobile Safariの表示能力はOS X版のSafariとほぼ同等だと説明しましたが、一方でハードウェアやiOSの制限などからいくつか異なる点もあります。

プラグインに非対応

Mobile Safariにはブラウザーの機能を拡張するプラグインが追加できません。特に問題になるのは、アドビ システムズの「Flash Player」を使った**Flashコンテンツの表示・再生ができない**点でしょう。

ほかにも、マイクロソフトの動画ファイル形式である「Windows Media Video」やQuickTimeムービーのページ内再生などもできません。これらの制限事項へは、HTML5の機能や**YouTubeへのリンク**[*3]などの代替手段を使って対応することになります。

*3
YouTubeへのリンク
📖 126ページ

文字コードの変更ができない

Mobile Safariは［設定］［Safari］から設定画面を呼び出せますが、PC向けのWebブラウザーにある「エンコーディングの設定」の設定項目はなく、実際設定もできません。このため、文字コードの設定が不適切なWebページは文字化けした状態のまま、ユーザー（iPhone）側で直す手段がありません。HTMLの文字コードはmeta要素で忘れずに指定しておき、文字化けが発生しているページがないか、実機で十分検証しておきましょう（図❺）。

特に問題になるのは、テキストファイルに直にリンクを張って表示させる場合です。iPhoneではUTF-8やEUC-JPで保存したテキストファイルは文字化けをしてしまい、閲覧できません。テキストファイルを表示させる場合は、Shift JISで保存しましょう。

図❺
Mobile Safariの設定画面にはエンコーディングの設定がないため(左)、文字コードの設定が正しくないと文字化けしたまま変更できない(右)

ウィンドウの制御ができない

　iPhoneのアプリは常に全画面に展開され、ウィンドウの大きさを変更できません。また、JavaScriptを使うとポップアップウィンドウは開けますが、標準で「ポップアップブロック」が有効になっているので次のようなスクリプトを実行してもウィンドウは開きません。

```
<script type="text/javascript">
window.open('http://h2o-space.com');
</script>
```

　ポップアップブロックは設定画面でオフにできます。オフにしても、図❻のような許可を求めるダイアログが表示され、すぐにポップアップウィンドウは開きません。

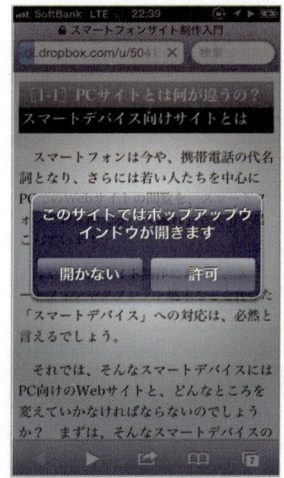

図❻
Mobile Safariではポップアップブロックをオフにした状態でも許可を求めるダイアログが表示される

ファイルのアップロード、ダウンロードに制限がある

　iOSは、OS XのFinderやWindowsのエクスプローラーに相当するファイル管理ソフトを内蔵しておらず、Mobile Safariでは原則としてファイルのダウンロードやアップロードができません。iOS 6以降ではカメラロール内の写真と動画ファイルに限りアップロードできますが、iOS 6以前の古い環境や他のファイルの場合は、専用アプリを提供するなどの方法で対応するしかありません。

　また、ファイルのダウンロードについてはiOS 5以降、連携アプリがインストールされている場合に限りできるようになりました。たとえば、PDFファイルやEPUBファイルは図❼のようにダウンロード後にアプリを選択して開けます。

図❼　SafariでEPUBファイルをダウンロードしたところ。iBooksで開けるほか、「次の方法で開く」ボタンをタップすると、対応したアプリが表示される

ファイルサイズなどの制限事項

　Mobile SafariではOS X版のSafariと同様、**GIF/JPEG/PNG/TIFF/SVG形式**の画像ファイルを表示できますが、ファイルサイズについては厳しく制限されています。また、JavaScriptの処理時間などにも決まりがあります。

　こうしたMobile Safariの細かな制限については、アップルの**「Safari Web Content Guide」**[*4]にまとめられており、具体的には次のような制限事項が設けられています。

*4
https://developer.apple.com/library/safari/

- GIF、PNG、TIFF画像はデコード時の状態で、3メガピクセル以下（RAMが256MB未満の端末）または、5メガピクセル以下（RAMが256MB以上）
- サブサンプリングされたJPEG画像は、デコード時の状態で32メガピクセル以下
- canvas要素は3メガピクセル以下（RAMが256MB未満の端末）または、5メガピクセル以下（RAMが256MB以上の端末）
- HTML、CSS、JavaScriptなどの要素はそれぞれ10MB以下
- JavaScriptの処理時間は10秒まで

これらはiPhone 4（iOS 4）以降を基準とした制限事項で、iPhone OS 2では画像が2メガピクセル以下までだったり、JavaScriptの処理時間が5秒までだったりと、OSのバージョンによって若干の違いがあります。旧機種にも対応させるには制限ギリギリに合わせるのではなく、なるべく余裕を持った作りにする必要があります。

日本語フォントはヒラギノ角ゴシック／明朝

iOS 5以降のiPhoneには、「ヒラギノ角ゴシック」と「ヒラギノ明朝」が搭載されています（iOS 5以前はヒラゴノ角ゴシックのみ）。Safariの標準フォントは、iOS 5以前がヒラギノ角ゴシック、iOS 6以降はヒラギノ明朝となっています（図❽）。

図❽
iOS 5からヒラギノ明朝が搭載され、明朝体が指定されているサイトでは明朝で表示される（左）。iOS 4.xではゴシック体になる（右）

欧文フォントは「Arial」や「Helvetica」など、Mac OSで利用できるフォントが数多く収録されています。フォントの一覧は「Typefaces」[*5]などの専用アプリを利用することで確認できます（図❾）。

*5 http://itunes.apple.com/jp/app/typefaces/id292461457?l=en&mt=8

図❾
「Typefaces」ではフォントの一覧を確認できる

Androidの仕様を確認する

　Androidの仕様についてもブラウザーを中心に、iPhoneと比較しながら確認しましょう。

　Androidは携帯電話端末そのものではなく、グーグルが中心になって開発している携帯端末用OSの名称です。携帯電話に限らず、カーナビや家電、ノートパソコンの一部にも搭載されています。そのため、ここでは「**Android搭載の携帯電話**」[*6]に限って話を進めます。

　Androidは、韓国サムスンや台湾HTCなどの海外メーカーをはじめ、世界中のメーカーから多種多様な端末が発売されており、OS別のスマートフォンの**世界シェアでは7割近く**[*7]を占めています。日本でも、2010年頃からラインナップが増え始め、2013年1月現在では新機種の大半がAndroid端末という状態が続いています（図❿）。

[*6] 本書では「Android端末」と表記した場合には「Androidを採用した携帯電話端末」を指します

[*7] 68.1％。2012年第2四半期（グローバル）、米IDC調べ

図❿ NTTドコモの2012年冬モデル。携帯電話端末14機種中、10機種をAndroidが占める

Androidの場合、端末によってハードウェアのスペックにかなりの違いがあります。フィーチャーフォンのような小さな端末から、ノートパソコンに近い大型の液晶を搭載したものまであり、キーボードの有無なども端末によって異なります。

　2013年1月現在の最新バージョンは4.2ですが、バージョンアップのペースが早く、頻繁に新バージョンが登場するのもAndroidの特徴です。

バージョン3.x系統は、タブレット端末専用

　Android 3.x系統はタブレット用に設計されたOSなので、3.xを搭載したスマートフォンは存在しません。Android 4.xでは2.xと3.xが統合され、スマートフォンとタブレットとでOSが再び一本化されました。

新しい端末が新しいバージョンとは限らない

　Android OSの新バージョンが完成しても、メーカーによる検証やカスタマイズなどに時間がかかるため、実際に新バージョンを搭載した端末が発売されるまでには時間がかかります。

　その間、端末の発売とOSの発表の時期がずれてしまい、すでにOSは4.1が最新なのに、4.0が搭載された端末が新製品として発売される、といったこともよくあります。

　ターゲットとする端末に搭載されているAndroidのバージョンはよく確認しましょう。

OSがバージョンアップされる場合もある

　PCと違ってAndroidは「組み込みOS」であるため、ユーザーの手で自由にバージョンアップをすることができませんが、端末メーカーによって動作検証が済んだ新バージョンをネットワーク経由で配布することがあります。

　ただし、メーカーが配布する都合上、メーカーのサポートが終了している場合や、メーカーによるカスタマイズや独自機能の対応が困難な場合はバージョンアップが見送られることもあります。

どのバージョンを対象にするべき？

　多くの種類があるAndroid端末に対応したWebサイトを制作する場合、ターゲットとするAndroidのバージョンをどのように設定したらよいでしょうか？

　もっとも多くの端末に対応するのであれば、国内で初めて発売されたAndroid端末「HT-03A」に搭載されていた1.6から、最新版である4.2が対象になります。しかし、Android 1.6はすでに世界シェアで1%を切っており、ハードウェアやブラウザーの性能もかなり低いので、一般的なスマートフォンサイトでは対象外として構わないでしょう。

　Androidのバージョン別の利用シェアは、グーグルがデベロッパー向けのサイトで定期的に公開しています。

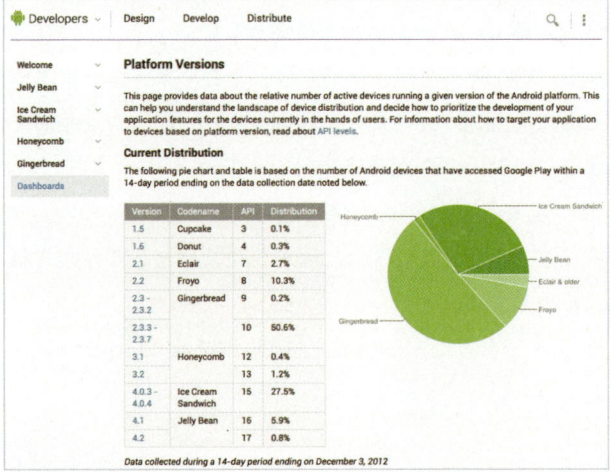

▶Android Developers
http://developer.android.com/about/dashboards/

　2013年1月現在はAndroid 2.3.xが50%近く利用されており、無視できない存在です。現在発売されている端末は、ほとんどが4.0以上へ移行しているので、Webサイトも徐々に4以上をターゲットにしていく流れが予想されますが、最新の状況を常にチェックしながら、移行タイミングを見極めましょう。

WebKitベースの標準ブラウザー「ブラウザ」とChrome

　Androidでは、その名も「ブラウザ」というソフトウェアがOS標準のブラウザーとして搭載されています。「ブラウザ」はレンダリングエンジンにWebKitを採用し、HTML5やCSS3の先行実装、JavaScriptの高速実行などの特徴を持つブラウザーです。

　一方、グーグルはAndroid 4.0以上の環境向けに「Google Chrome」[*8]も提供しています。グーグルのAndroid端末である「Nexus」シリーズでは、「ブラウザ」の代わりにGoogle Chromeが標準ブラウザーとして搭載されており、今後はGoogle Chromeが主流になっていくと考えられます。

　2013年1月現在は、「ブラウザ」だけを搭載する端末、Google Chromeと「ブラウザ」の両方を搭載する端末と、メーカーや端末によってまちまちですので、当面は「ブラウザ」も動作対象にしていく必要があるでしょう。

[*8] https://play.google.com/store/apps/details?id=com.android.chrome

図⓫
Androidの標準ブラウザー「ブラウザ」とChrome。Mobile Safariと同じWebKitベースのブラウザー

プラグインには非対応

　Androidの「ブラウザ」も、Google ChromeもMobile Safari同様、プラグインには非対応です。一時はFlash Playerが標準搭載されたこともありましたが、その後アドビがモバイル向けFlash Playerの開発を停止し、Android 4.1以降では非対応となりました。**Flashコンテンツは実質的に利用できない**と考えた方がよいでしょう。

文字コードの変更に対応

「ブラウザ」の起動中にメニューを表示して［その他］［設定］を開くと、文字サイズやエンコードを変更できます（図⓬）。iPhoneのMobile Safariでは文字化けが起きるとユーザー側に対応する術がありませんが、Androidでは設定を変更することで解決できます。

図⓬
「ブラウザ」の設定画面。エンコードや文字サイズの設定が変更できる

ファイルのダウンロードに対応、アップロードは一部

　Androidは、PCと同様にファイルのダウンロードができます。各ソフトに対応したデータはそのソフトに引き継がれ、開けないファイルは内蔵メモリに保存されます。ダウンロードファイルは、PCに接続した状態で操作したり、ファイル管理ソフトを利用して管理したりできます。

　また、Android 2.2からファイルのアップロードも可能になりました。選択すると図のようなアプリを選択する画面が表示され、写真や音楽ファイルがアップロードできます（図⓭）。

図⓭
アップロード時の選択画面。画像や音声ファイルが選択できる

画像形式やファイルサイズなどの制限

　AndroidもiPhoneと同様、**GIF/JPEG/PNG/TIFF**形式の画像ファイルに対応していますが、SVG形式についてはAndroid 2.2以降のみ対応しています。

　ファイルサイズの制限についてはiPhoneのような明確な規定はないようですが、筆者が複数のAndroid端末で試したところ、ダウンロードサイズの大きなページ（「2ちゃんねる」のスレッドページや楽天の商品ページなど）を開こうとすると、Webブラウザーが一時的に操作を受け付けなくなったり、

強制終了したりすることがありました。端末に搭載されているメモリ容量や処理能力を考えると、iPhoneの制限を参考にしながらできるだけファイルサイズが小さくなるように作るのがよいでしょう。

そのほかのWebブラウザー

Androidでは「Google Play（旧：Android Market）」を通じて多くのWebブラウザーが提供されていますが、そのほとんどは標準の「ブラウザ」を内部的に利用しており、レンダリング性能は変わりません。

ただし、例外もあり、独自のレンダリングエンジンを搭載した「Opera mini」「Opera mobile」、「Firefox」[*9]などがGoogle Playで公開されています（図⓮）。これらのサードパーティブラウザーへの対応は、サイトの性格に合わせて検討する必要があります。

現状は、「ブラウザ」とGoogle Chromeにのみスマートフォンサイトを提供し、それ以外のブラウザーにはPC向けのWebサイトをそのまま表示することが多いようです。

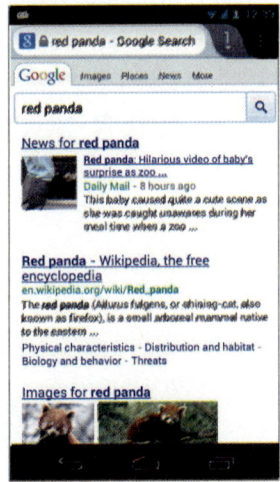

[*9]
https://play.google.com/store/apps/details?id=org.mozilla.firefox

図⓮
Android版Firefoxなど独自のブラウザーもある

端末によって異なる日本語フォント

Android端末には「Droid Font」と呼ばれるOS標準フォントもしくは端末メーカーが独自に用意したフォントが搭載されています。一部の端末は「CJK統合漢字」と呼ばれる中国（Chinese）・日本語（Japanese）・韓国語（Korean）で共通して同じ漢字を利用する仕組みを採用しているので、日本語のページを表示すると若干不自然に見える場合があります（図⓯）。

ただ、最近発売された国内向けのAndroid端末では、端末メーカーが独自に用意したフォントが搭載されていることが多くなっています。実際のフォントは端末によって異なるので、Web制作では標準的なゴシック体をベースにデザインするとよいでしょう。

図⓯
CJK統合漢字による表示。「戻」の上が点のようになっているなど、若干不自然な漢字がある

Windows PhoneとWindows 8

　2012年10月に「Windows Phone 8」が発表され、海外ではHTCやサムスンがWindows Phone 8を搭載した端末を開発していますが、2013年1月現在、日本国内での販売は未定です。マイクロソフト製のタブレット端末である「Surface」も国内販売は見送られており、国内で入手できるWindows Phone端末は、Windows Phone 7.5を搭載した「IS12T」の1端末に留まっています。

　現在のところWindows Phoneは無視できる存在ですが、Windows PhoneはWindows 8との親和性が高いだけに、国内でも販売が始まれば企業ユーザーを中心に普及する可能性は十分あります。

　今後の動きを見極めながら、対応を検討しましょう。

iPad対抗タブレットとして注目される「Surface」

1-3 効率よく作業できる環境を作ろう
スマートフォンサイトの制作環境を整える

スマートフォンサイトの制作を始める前に、必要な制作環境を用意しましょう。制作を効率よく進めるのに便利なシミュレーターソフトのインストール方法も詳しく説明します。

エディターとWebサーバーを用意する

スマートフォンサイトはPCサイトの制作に近いので、最低限、HTMLやCSSの編集に使うエディターソフトさえあれば制作できます。エディターはWeb制作に普段使っているソフトで構いませんが、もしなければ表❶のようなソフトを使うとよいでしょう。もちろん、「Dreamweaver」などの高機能なオーサリングツールを使っても構いません。

表❶ HTML/CSSの編集に使える主なエディターソフト

名称	対応OS	種別
Sublime Text 2	Windows/Mac OS	シェアウェア
Em Editor	Windows	シェアウェア
秀丸エディタ	Windows	シェアウェア
TeraPad	Windows	フリーウェア
JEdit X	Mac OS	シェアウェア
Coda	Mac OS	シェアウェア

PCサイトの場合、制作途中のHTMLファイルをWebブラウザーにドラッグ&ドロップすると簡単にプレビューできますが、スマートフォンサイトの場合、制作環境（PC）と閲覧環境（スマートフォン）が異なるので、実機で確認する必要があります。

しかし、特にiPhoneではファイルを自由に転送できないので、ローカル環境での確認は困難です。そこで、テスト用のWebサーバーを用意して確認しましょう。

レンタルサーバーをテストサーバーにする

　もっとも手軽なのは、テスト用にレンタルサーバーを契約し、HTMLなどのファイルをインターネット上へ公開する方法です。たとえば、paperboy&coの「ロリポップ」[*1]や、さくらインターネットの「さくらのレンタルサーバ」[*2]といったサービスを利用すると、月額数百円でテスト環境を構築できます（図❶）。

　ただし、インターネット上に公開すると検索エンジンにインデックスされる恐れがあるので、BASIC認証をかけておくなどして、外部からは閲覧できないようにする必要があります。BASIC認証の方法については各レンタルサーバーのマニュアルやヘルプを参照してください。

[*1] http://lolipop.jp/
[*2] http://www.sakura.ne.jp/

図❶ 「ロリポップ」（左）や「さくらのレンタルサーバ」（右）ならテスト環境を安価に構築できる

開発マシンをテストサーバーにする

　セキュリティ上の制約などで、どうしても制作中に外部のサーバーにファイルをアップロードできない場合は、制作に利用しているマシンをWebサーバーにする方法もあります。Webサーバーにするマシンが無線LANに接続されており、スマートフォンも同じ無線LAN環境下にある場合に利用できます。

Mac OSの場合

　Mac OSでは、環境構築ソフトの「MAMP」を利用するとWebサーバーを手軽に構築できます。

　MAMPの配布サイト[*3]にアクセスすると、無料版の「MAMP」と有料版の「MAMP Pro」があります。「MAMP」の「Download now」ボタンをクリックします（図❷）。

[*3] http://www.mamp.info/

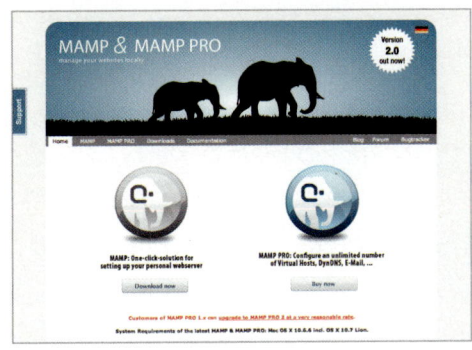

図❷
MAMPは、OS X上にWebサーバーを構築するためのソフトウェア。無償版と5000円程度の有償版がある

ダウンロードしたファイルをダブルクリックして、セットアッププログラムに従ってインストールします。インストールが完了したら、アプリケーションフォルダ内のアプリを起動します（図❸）。

図❸
MAMPを起動したところ。赤いアイコンはサービスが起動していないことを示す。「サーバを起動」ボタンをクリックしよう

「サーバーを起動」ボタンをクリックして、パネル内の赤いアイコンが両方とも緑になったら、Webサーバーが起動しています。スマートフォンからは、次のようなアドレスでアクセスします。

```
http://【IPアドレスまたはエイリアス】:8888/
```

「IPアドレスまたはエイリアス」の部分には、コンピュータのIPアドレスを入れます。「システム環境設定→共有」で設定を確認したり、設定を変更したりできます。たとえば、図❹の設定の場合は、次のアドレスになります。

```
http://Munich-local:8888/
```

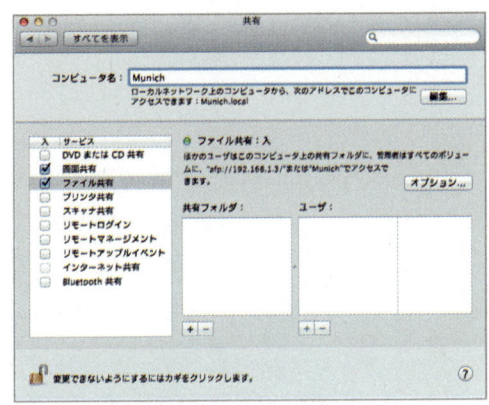

図❹ 共有設定画面。画面の上部に、このコンピュータのアドレスが表記されている

Webサーバーに公開したいファイルは、「アプリケーション→MAMP→htdocs」フォルダに保存します。スマートフォンからは、前のアドレスに続けて、ファイル名などを指定します。たとえば「sample01.html」というファイルを配置した場合(図❺)、アドレスは次のようになります。

http://Munich-local:8888/sample01.html

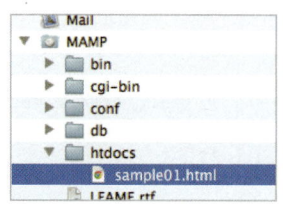

図❺ MAMPを通じてファイルを確認するには、「htdocs」フォルダにファイルを配置する必要がある

Windowsの場合

*4
http://www.apachefriends.org/jp/xampp-windows.html

Windowsの場合は、フリーソフトの**「XAMPP」**[*4]を利用すると簡易的なWebサーバーを構築できます。

公式サイトから「XAMPP Windows版」をダウンロードし(図❻)、インストーラーの指示に従ってセットアップします(図❼)。

図❻ XAMPPのダウンロード画面。インストーラー版が一番簡単だ

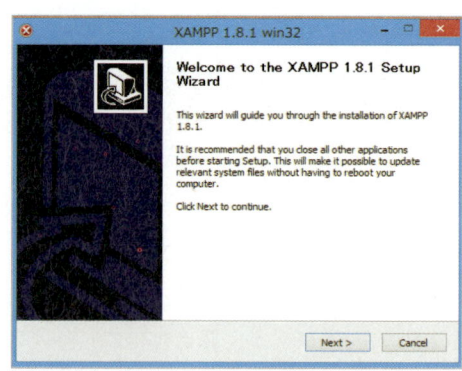

図❼ セットアッププログラム。基本的には標準の設定のまま進めればよい

環境によっては、「Microsoft Visual C++ 2008 SP1 Redistributable Package」の追加インストールを求められます。セットアップ後、次の手順でWebサーバーを起動します(セットアップ後は自動的に起動します)。

まず、[スタート]→[すべてのプログラム]→[XAMPP for Windows]→[XAMPP ControlPanel](Windows 8の場合はスタートパネルに「XAMPP Control Panel」が登録されます)を起動し、「Apache」の「Start」ボタンをクリックします(図❽)。

図❽
XAMPP Control Panelの起動。たくさんのボタンが並んでいるが一部の機能しか利用しない

次に、スタートボタンをクリックして、[すべてのプログラム]→[アクセサリ]→[コマンドプロンプト](Windows 8では、画面左下のスタートボタンを右クリックして「コマンドプロンプト」)で自分のマシンのIPアドレスを調べます。

キーボードで「ipconfig」と打ち込んで、Enterキーを押します。「IPv4アドレス」と表示されているのがIPアドレスです(Windowsのバージョンやネットワークの構成によって表示は多少異なります)(図❾)。

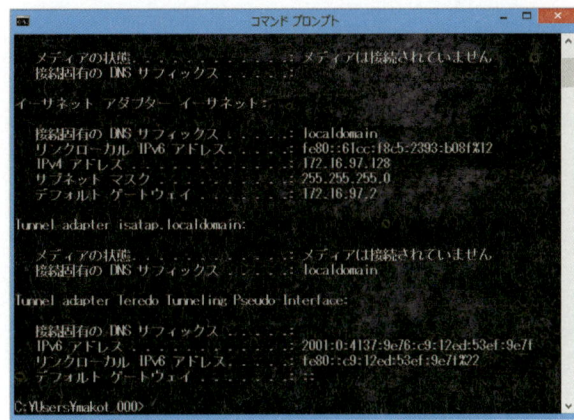

図❾
コマンドプロンプトで、自分のコンピュータのIPアドレスを調べる

HTMLなどのファイルはXAMPPをセットアップしたフォルダの下の「htdocs」フォルダに入れます。標準では「C:¥xampp¥htdocs」です。IPアドレスをスマートフォンのブラウザーに入力するとhtdocs以下に置いたWebページを確認できます。

PC上で確認できるプレビュー環境を用意する

　テストサーバーを構築すると実機での確認が手軽にできますが、制作中のちょっとした確認のときにも毎回実機を操作するのはやや手間です。そこで、制作作業をより効率的に進めるために、PC上でも実機に近い表示を確認できるプレビュー環境を整えておきましょう。

Safari／Google Chromeでプレビューする

　スマートフォンに搭載されているブラウザーは、それぞれPC向けのSafari／Google Chromeと同じ**WebKitエンジン**[*5]を利用しているので、簡単なレイアウトの確認程度であればMac OSやWindows上のSafari／Chromeで済む場合もあります。また、Safariでは、**［開発］［ユーザーエージェント］メニュー**[*6]から（図⓾）、Chromeでは［ツール］［デベロッパーツール］から、簡単に**ユーザーエージェント**[*7]を切り替えられるので、iPhoneやAndroidからアクセスしたときのようにスマートフォンサイトとPCサイトとの振り分けも確認できます（図⓫）。

[*5]
WebKit
📖 26ページ

[*6]
［開発］メニューは、Safariの環境設定から［開発メニューを表示する］のチェックをONにすると表示されます

[*7]
ユーザーエージェント端末（ブラウザー）固有の文字列情報。スマートフォンサイトではPCサイトとの振り分けに利用します
📖 131ページ

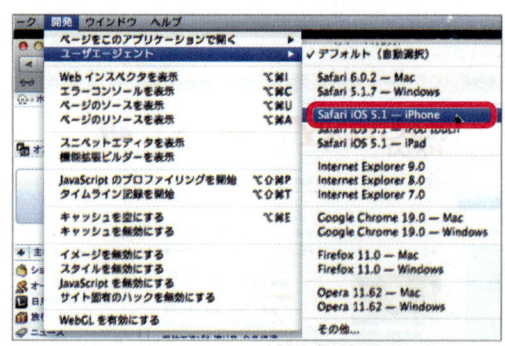
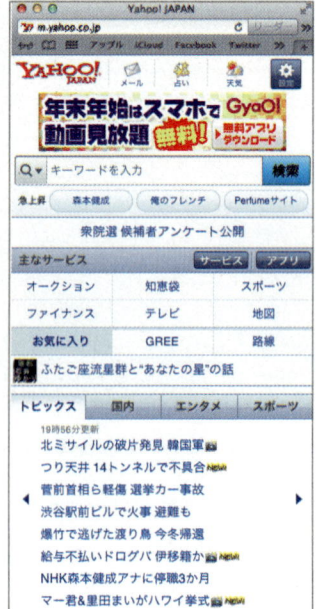

図⓾ iPhoneのMobile Safariと近い表示結果を得られるPC向けのSafari。ユーザーエージェント変更すると（左）、iPhoneやiPod touchになりすましてスマートフォンサイトへアクセスできる（右）

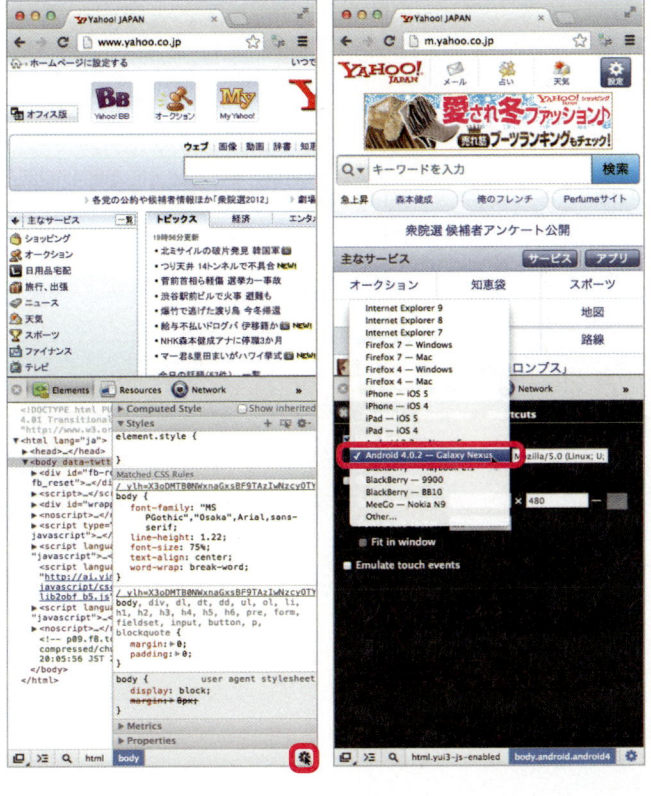

図⓫
Google Chromeでは［ツール］［デベロッパーツール］を開き、右下の歯車のアイコンをクリックして設定画面を開くと（左）、ユーザーエージェントを変更できる（右）

　ただし、ベースとなるレンダリングエンジンが同じとはいえ、表示結果はまったく同じではなく、当然ながらジェスチャーなどのタッチ操作の確認はできません。SafariやChromeを利用したPC上でのテストはあくまでも簡易的な表示確認にとどめましょう。

シミュレーターをインストールする

　SafariやChromeよりもさらに実機に近いイメージで確認したい場合は、PC上で動作する**シミュレーターソフト**を利用するのが便利です。シミュレーターはiPhoneやAndroidのアプリ開発者向けに配布されているSDK（Software Development Kit）の中に含まれています。SDKは本来、アプリ開発者を対象としたソフトなのでインストールには少し手間がかかりますが、一度インストールしてしまえば大変便利です。本格的なサイト制作の前にぜひインストールしておきましょう。

iOSシミュレータ

　iPhoneの場合、OS X上で動作する「iOSシミュレータ」が配布されています(Windows版はありません)。**「iOSシミュレータ」**は、アップルの統合開発環境である「Xcode」に含まれており、「App Store」から無償でダウンロードできます(2012年12月現在の最新版は4.5.2)。

　App Storeを起動して、「Xcode」と検索します。インストールボタンをクリックすれば、インストールが始まります(図⑫)。

図⑫
App Storeの検索結果。ここでは、ボタンをクリックすればダウンロードが始まる

　ダウンロードが終わったらファイルをダブルクリックし、指示に従ってセットアップしましょう。セットアップが完了したら、Xcodeを起動して環境設定を開きます(図⑬)。

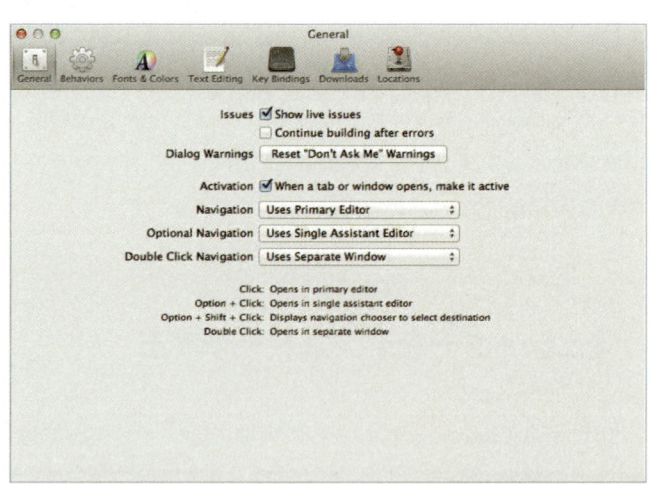

図⑬
Xcodeの環境設定。
「Xcode→Preferences」メニューをたどると表示される

　「Downloads」のタブを開くと、追加ソフトをインストールできます。ここで、「iOS 5.1 Simulator」を選んでインストールします(図⑭)。

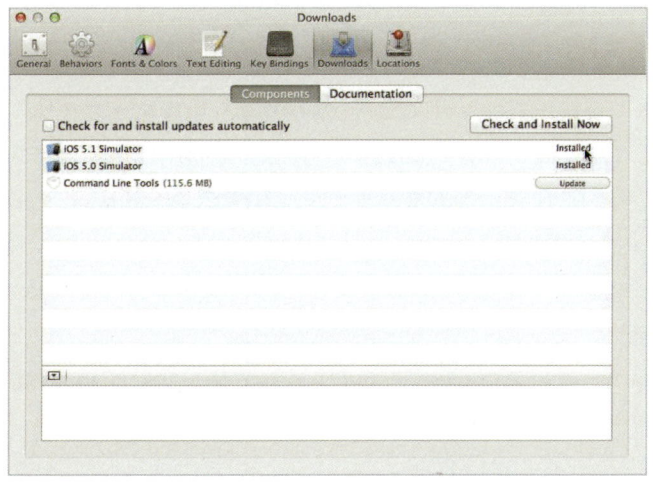

図⓮
追加ソフトのインストール。
「Install」ボタンをクリックする

「iOSシミュレータ」のインストールが終わると、Xcodeの[Xcode]→[Open Developer Tool]→[iOS Simulator]から起動できます。次回以降は直接起動できるように、Dockなどに登録しておくとよいでしょう。

「iOSシミュレータ」が起動すると、図⓯のような画面が表示されるのでマウスで操作できます。Webサイトを表示するには、ホーム画面からSafariのアイコンをタップします。

図⓯
「iOSシミュレータ」の画面。マウスを指に見立てて操作できる。Safariを起動するとWebサイトを閲覧できる

　altキーを押すと2本指での操作もシミュレーションできます。[ハードウェア]メニューからデバイスの種類(iPhone/iPod touch/iPad)やiOSのバージョンを変更したり、端末の向きを変更したりできます。

Androidエミュレーター

　Androidのシミュレーションができる「Androidエミュレーター」は、「Android SDK」に含まれています（2013年1月現在の最新版はリビジョン21）。Windows/Mac OS/Linux版がありますが、本書ではWindowsとMac OS版のインストール方法を紹介します。

Windowsの場合

　Android SDKの利用にはJava SEのJDKが必要です。JDKは「**Java SE Downloads**」[*8]にアクセスし、[Java Platform（JDK）]のボタンをクリックします（図⓰）。

*8 http://www.oracle.com/technetwork/java/javase/downloads/

図⓰
「Java SE Downloads」のページからJDKをダウンロードする

　規約に同意し、リストの下部にあるWindows版のJDKをダウンロードします。32ビット版は「Windows x86」、64ビット版は「Windows x64」を選択します（図⓱）。

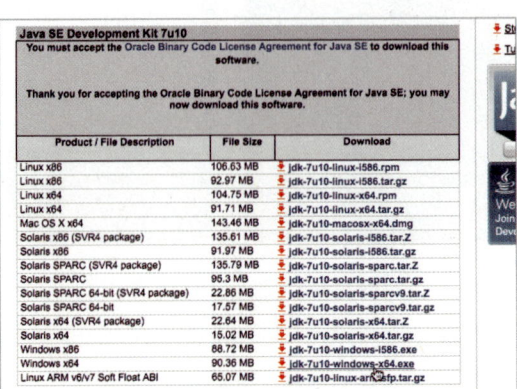

図⓱
32ビット版もしくは64ビット版のJDKをダウンロードする

ダウンロードが終わったらファイルを実行し、インストーラーの指示に従ってインストールしてください。

JDKのインストールが終わったら、**Android SDKのダウンロードページ**[*9]を開き、ページの下にある「DOWNLOAD FOR OTHER PLATFORMS」からSDKをダウンロードします。「ADT Bundle」というバージョンがありますが、このファイルには統合開発環境の「Eclipse」が含まれているので、「SDK Tools Only」「Windows」にある ZIP形式のファイルを選びます（図⓲）。

ダウンロードした圧縮ファイルは、展開して適当なフォルダ（C:¥Program Filesなど）にコピーしておきます。android-sdk-windows→Toolsから、「android.bat」を開くと、「Android SDK Manager」が起動します（図⓳）。以降の手順は、Mac OSと共通です。

[*9] http://developer.android.com/sdk/

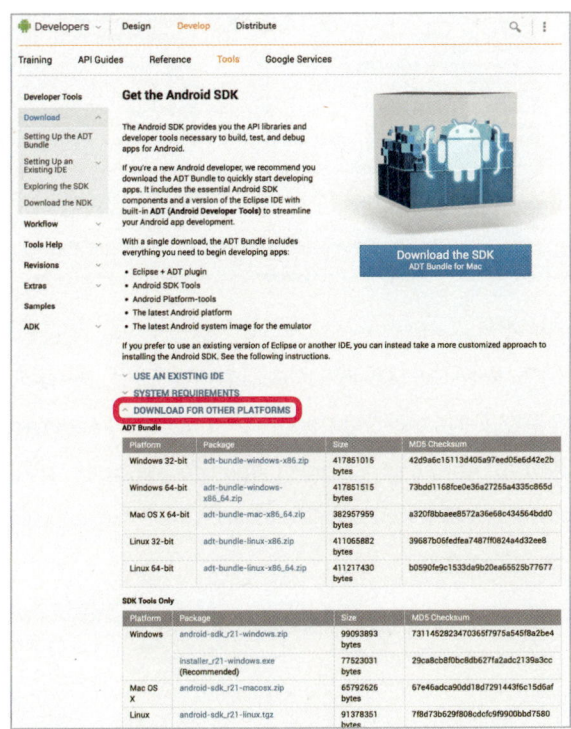

図⓲ 「DOWNLOAD FOR OTHER PLATFORMS」をクリックする

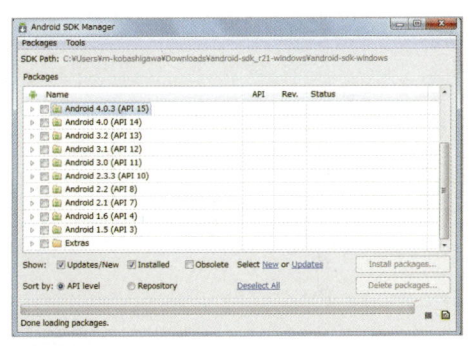

図⓳ 「Android SDK Manager」が起動する

Mac OSの場合

Android SDKのダウンロードページから、「DOWNLOAD FOR OTHER PLATFORMS」のタイトルをたどって、「SDK Tools Only」で「Mac OS X」をダウンロードします。ダウンロードしたファイルを展開して、できあがったフォルダを適当な場所（たとえばアプリケーションフォルダ内）に保存しましょ

う。

　toolsフォルダ内の「android」を開くと、Android SDK Managerが起動します。ここから先はWindowsと共通です。

Androidエミュレーターの起動（Windows／Mac OS共通）

　Android SDK Managerが起動したら、シミュレーターで利用するOSのパッケージファイルをインストールします。

　インストールしたいAndroidのバージョンすべてにチェックを入れ（後から追加もできます）、［Install n Package］（nには数字が入る）をクリックします（図⑳）。

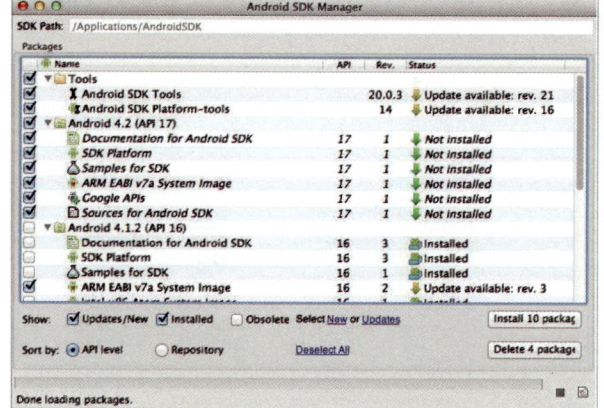

図⑳
インストールしたいAndroidのパッケージを選ぶ

　パッケージファイルのインストールが終わったら、「Tools」メニューから「Manage AVDs」メニューを選びます。Androidの仮想デバイス（AVD：Android Virtual Device）を管理する「Android Virtual Device Manager」が起動します（図㉑）。AndroidではAVDを作ることで、さまざまなバージョンのデバイスをシミュレーションできます。

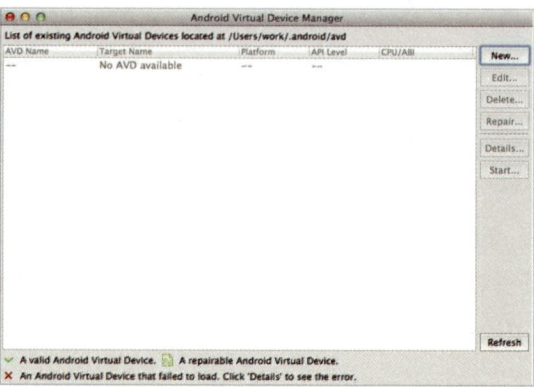

図㉑
「Android Virtual Device Manager」の画面。AVDを作成・管理できる

右側のボタン群から「New」を選ぶとAVDの作成画面が表示されます（図❷）。作成したいAVDの情報を入力していきます。

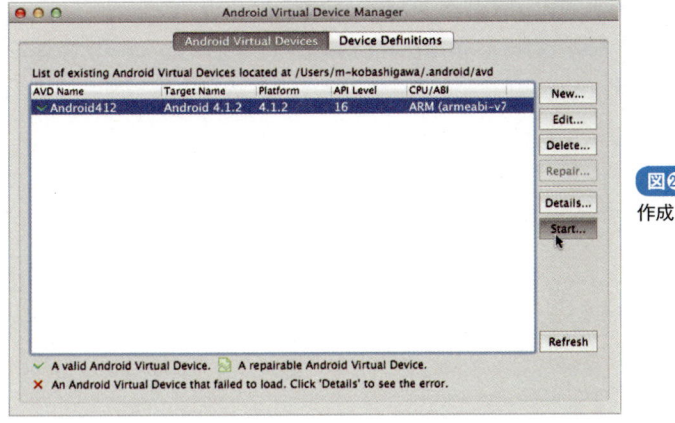

図❷
AVDの作成画面。必要な情報を入力する。アプリを作る場合以外は細かい設定は気にしなくてよい

「AVD Name」には自分で分かりやすい名前を入力します。「Device」では端末の種類を、「Target」ではAndroidのパッケージ（バージョン）を、CPUではCPUの種類を選びます。Targetは前にインストールしたパッケージの中から選択できます。すべての設定が終わったら、「Create AVD」をクリックします（設定は後から変更できます）。

Virtual Device Managerの画面に作成したAVDが追加されます（図❸）。

図❸
作成したAVDを選ぶ

AVDを選んで「Start」ボタンをクリックすると、Androidエミュレーターが起動します（図❹）。初回起動には時間がかかりますが、AVDを作成するときに「Snapshot」をチェックすると、2回目以降の起動時間が短くなります。

 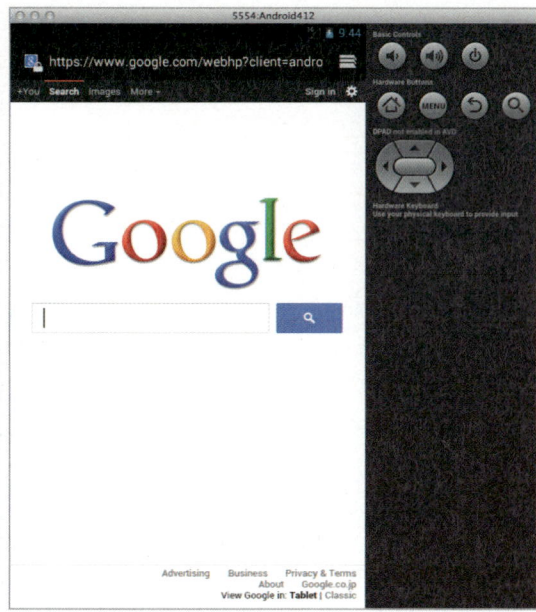

図㉔ エミュレーターが起動したところ。地球儀のアイコンから「ブラウザ」を利用できる

Windows Phoneの確認環境を整えるには

　Windows Phoneの場合は、「Windows Phone Emulator」がマイクロソフトから提供されています（Windows版のみ）。Windows Phone Emulatorは、「Windows Phone Dev Center」（http://dev.windowsphone.com/ja-jp/downloadsdk）からダウンロードできるSDKに含まれています。

もっと知りたい！❷

実機での確認をらくらく効率化

　シミュレーターソフトを使うと実機に近い状態で表示を確認できますが、タッチでの操作性やデバイスの特性に依存した問題は発見できません。スマートフォンサイトの制作では、最終的に実機での確認が必要です。

　そこで便利なのが、アドビ システムズの「Adobe Edge Inspect」です（図❶）。Edge Inspectは、Mac/Windows向けの専用アプリと、Google Chromeの拡張機能、iPhone/Android向けアプリで構成され、PCのChromeで開いたWebページを複数のスマートフォンで同期して確認できます。フル機能を使うためには有償契約が必要ですが、Creative Cloudのアカウントがあれば無償で一部の機能を利用できます。

図❶
Edge Inspectはアドビが提供するテストツール

Edge Inspectの使い方

　Edge Inspectをインストールして起動し、スマートフォンでもInspectのアプリを起動した状態でPCのChromeを開きます。Chromeのアドレスバーの横にあるEdge Inspectの拡張機能アイコンをクリックすると、スマートフォン側のアプリにコンピュータの名前が表示されますので（図❷）、タップして選択します。

図❷
iPhoneでAdobe Edge Inspectを起動したところ。同一Wi-Fi環境下のコンピューターが一覧される

PC側のChromeの拡張機能に、図❸のようなテキストフィールドが表示されます。スマートフォンアプリに表示されているパスコードを入力します。

図❸
接続を求めたところ。パスコードを入力するとスマートフォンが接続される

　接続が完了すると、Chromeで閲覧しているWebページがスマートフォン側で表示されます（図❹）。そのまま、どこかをクリックしたり、ブックマークなどから新しいWebサイトに移動したりすると、スマートフォン側も自動的に追従します。

　Edge Inspectの有償版では複数のデバイスを同時に接続できるので、iPad、Androidも同じ手順で次々に接続して同時にページを確認できます。ほかにも、リモートでデバッグする機能や、スクリーンショットを撮影する機能も搭載されています。Edge Inspectを活用して、スマートフォンサイトの確認作業を効率化しましょう。

図❹
PCのChromeで開いているページがそのままスマートフォンでも表示される

第2章

［設計編］
スマートフォンサイトの設計・デザイン

2-1 スマートフォンサイトの企画と構造設計 …… 56

2-2 スマートフォンサイトの画面設計 …… 69

2-3 グラフィックソフトでデザインカンプを作る …… 81

2-1 ターゲットと目的に合わせてサイトマップを作る
スマートフォンサイトの企画と構造設計

第2章では実在するサイトを例に、スマートフォンサイト制作の基本を学びましょう。[2-1]ではサイトの企画と設計（構造設計）について解説します。

サイト制作のワークフロー

　Webサイト制作は、一般的に企画→サイト設計（構造設計）→画面設計→デザイン制作→HTML/CSS制作→JavaScript開発といった手順で進めます（図❶）。スマートフォンサイトの場合も基本的なワークフローは同じです。

　最初の工程は、Webサイトの「企画」と「サイト設計（構造設計）」です。企画ではWebサイトのターゲットと目的を設定し、サイト上で提供するコンテンツを考えます。「構造設計」とはいわゆる「サイトマップ」を作成する作業で、ユーザーが必要な情報へアクセスできるようにコンテンツを整理し、Webサイトの目的に応じた「ゴール」への誘導を考えます。

図❶ 一般的なサイト制作のワークフロー。スマートフォンサイトでも基本は同じ

スマートフォンならではのサイトを企画しよう

　スマートフォンサイトは、Webサイトの目的やユーザー層、利用シーンなどをもとに、どのようなコンテンツを提供するか考えます。いまあるPCサイトを単純にスマートフォンで見やすくするのではなく、**スマートフォンならではのWebサイトを企画すること**が大切です。

利用シーンをイメージする

　スマートフォンサイトの企画でもっとも大切なのは、**「どのように利用されるか」**を想定することです。具体的な利用シーンをイメージすることで、「何を作るべきか」が明確になります。

　たとえば、20～30代の専業主婦の女性であれば、普段、仕事でPCを利用していないため、自宅のPCを積極的に利用しようとせず、テレビを見ながらスマートフォンでショッピングを楽しむ、といった利用シーンが想定されます。こうしたユーザーをターゲットとするECサイトの場合は、スマートフォンに最適化した商品情報などのコンテンツを充実させる必要があるでしょう。

　逆に30～40代の男性は、会社でPCを利用する機会も多く、スマートフォンでWebを利用することを面倒に感じているかもしれません。ECサイトであればPC向けのWebサイトに力を入れ、スマートフォンでは「出荷情報の確認」や「リピート注文」といった最低限の手続きを簡単にできるWebサイトを準備した方がよいかもしれません。

　このように、PCサイトとスマートフォンサイトとで**ユーザーから求められる役割が違う場合**もあります。たとえば、実店舗を展開する飲食店や小売店の場合、PCサイトでは扱っている商品の情報を充実させ、スマートフォンサイトでは「店舗への道順」「営業時間の案内」など、「いまその場で知りたい」情報を中心に提供します。PCサイトとスマートフォンサイトではまったく異なるサイト構成やレイアウトになるでしょう。

どのページをスマートフォンに対応するか

　Webサイトのすべてのページをスマートフォンに対応するか、それとも一部をスマートフォンに対応して残りはPC向けのWebサイトをそのまま表示す

るかを判断します。

　すべてのWebページがスマートフォンに最適化できれば理想ですが、その分コストも発生しますし、制作後の運用にも手間がかかります。

　スマートフォンでよくアクセスされるページのみを最適化し、PCからのアクセスが大半のページはPC向けに特化する方法もあります。

どの端末に対応するか

　2012年現在、日本国内で出荷されているスマートフォンは200機種以上あります。各機種の実機での検証作業を考えると、**すべての機種で同一の見た目や機能を提供するのは現実的ではありません**。また、Android、iOSともに最新バージョンと初期のバージョンとでは性能にも機能にも違いが多くあります。

　特に、Androidの初期バージョンである1.6のシェアは1%を切っており、対応コストを考慮すると「切り捨てる」という判断もあり得るでしょう。

　海外向けにスマートフォンサイトを提供する場合、BlackBerryのシェアが高い国や、スマートフォン自体が普及していない国、国内では入手できないメーカーの端末が流通している国など、国によって事情が違います。各国の事情を調べて、対応端末を決める必要があります。

CMSを利用するか

　CMS（コンテンツ管理システム）を利用するか、それともHTMLを手作りして制作するかによって、スマートフォン対応の手間は変わってきます。

　最近のCMSは、スマートデバイス対応機能が盛り込まれていることも多く、特別な作業をしなくてもスマートフォン向けのテンプレート（テーマ）へ切り替わったり、レスポンシブWebデザインに対応したテンプレートが搭載されていたりすることもあります。

　こうしたテンプレートをベースにデザインをカスタマイズしていけば、すべてのWebページをデバイスに合わせて振り分けられます。「WordPress」などのオープンソースCMSを利用すれば、特別な費用をかけずに対応できます。

　以上を踏まえて、どのようなスマートフォンサイトを作るか検討し、企画に落とし込んでいきましょう（図❷）。

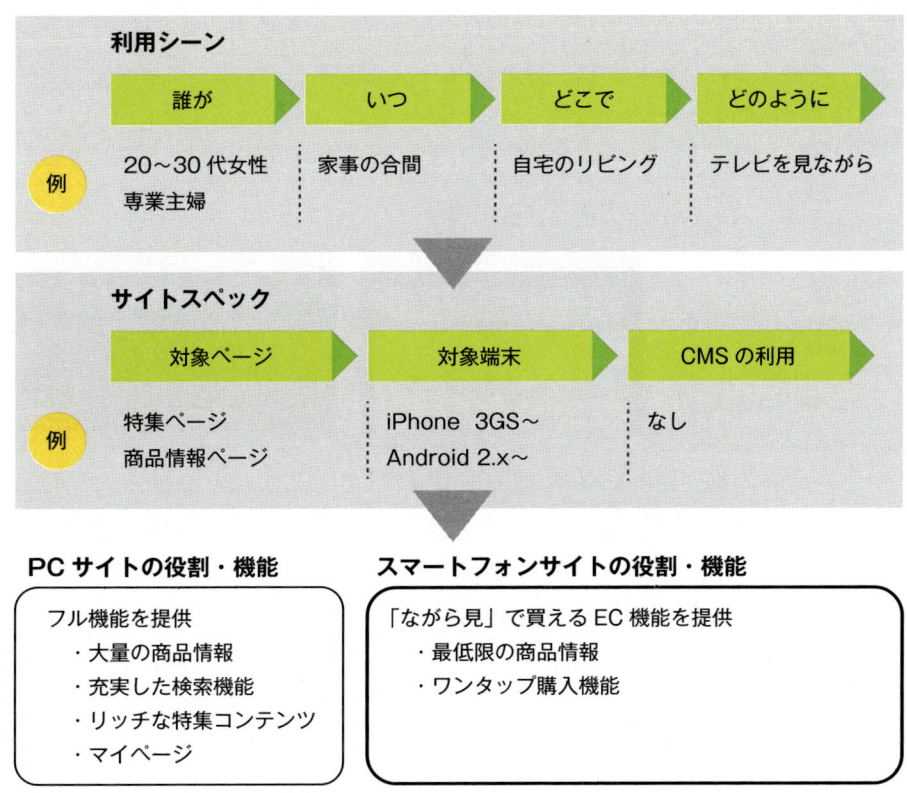

図❷ スマートフォンサイトの企画例

サイト設計は「検索」「ソーシャル」の流入から

　サイト設計では、ユーザーがスマートフォンサイトへ訪れるきっかけとなる「流入」から考えていきましょう。

　10年前のWebサイトは、できるだけ分かりやすいドメイン名を取得し、テレビCMや広告で連呼して覚えてもらって、訪れてもらうのが一般的でした。会社名とドメイン名を同じにする「ドットコム企業」と呼ばれる会社名が増えたのも、そのためです。

　検索エンジンのユーザーが増えるにつれて、「検索してWebサイトを訪れる」行動が一般的になり、テレビCMや広告でURLの代わりに検索キーワードを提示することも増えました。一方、キーボードが使いづらい携帯電話（フィーチャーフォン）では、文字を極力入力させない工夫として、2次元バーコードを利用してユーザーを誘導しました。

スマートフォンの場合は、現在のPCサイトと同様に、**検索エンジンを重要視**するのが基本です。iPhone/Android端末は、さまざまな場面ですばやくWeb検索ができるように設計されており、Safariでは右上のウィンドウに、Androidの「ブラウザ」とChromeではアドレスバーにキーワードを入れることで、Webを検索できます（図❸）。

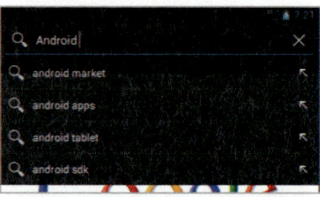

図❸
iPhoneのSafariは右上に検索窓がある（左）。Androidはアドレスバーから検索できる（右）

　ホーム画面からも簡単に検索できますし、最近ではiPhoneの「Siri」や「Google音声検索」など、音声入力による検索も実用レベルにあります。キーボードが使いやすいとはいえないスマートフォンですが、こうした工夫によって、検索エンジンからの流入が多くなっています。

　また、最近では、FacebookやLINE、Twitterといった**ソーシャルメディアからの流入**も無視できません。できるだけ簡単にWebページを共有できるようにし、多くの人に見られる機会を設けるとよいでしょう。

ゴール設計は来店や電話を重視する

　PCサイトでは、入力フォームによる問い合わせや予約をWebサイトのゴールに設定することが多くあります。電話よりも、深夜・休日でも手軽に利用できるネット経由での問い合わせが多い企業もあるでしょう。

　PCに比べてキーボードが使いにくいスマートフォンでは、長文の入力を伴うフォーム入力をゴールにするには、工夫が必要です。また、「自宅でじっくり」利用するPCに比べると、外出先でのすき間時間や、友人と話しながら、といったシチュエーションでの利用を考えると、フォーム入力がアクションを取るための足かせになるかもしれません。

　そこで、問い合わせフォームとは違ったゴールも考える必要があります。

電話による問い合わせ

　スマートフォンは当然ながら電話なので、電話をかけるのは非常に簡単で

す（図❹）。スマートフォンは携帯サイトと同様にワンタップで電話をかけられる**「tel:リンク」**[*1]が利用できるので、ページ内の目立つ位置に電話番号を表示して問い合わせを促しましょう。

[*1] tel:リンク
📖 122ページ

図❹ 目立つ位置に電話番号を表示し、電話による問い合わせを促す方法。画面は「保険市場」（http://www.hokende.com/）

地図による誘導

小売店や飲食店など、お客様に店舗へ訪問してもらうのが目的の場合には、地図を積極的に活用して来店を促すのがよいでしょう（図❺）。スマートフォンには、**マップ**[*2]のアプリが搭載されているので、わざわざ地図の画像を制作しなくてもアプリと連携するだけで詳細な地図を提供できます。さらに、GPSや経路検索と組み合わせれば、非常にスムーズに来店を誘導できます。

[*2] マップとの連携
📖 123ページ

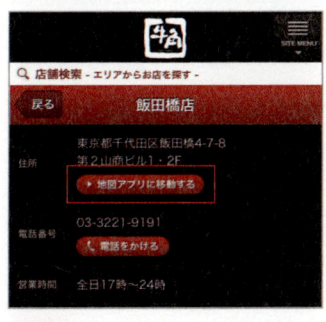

図❺ 小売店などのリアル店舗がある場所には地図マップへのリンクを設置し、来店を促す方法もある。画面は「牛角」（http://www.gyukaku.ne.jp/）

クーポンの提供による店舗への誘導

　リアル店舗への誘導が目的であれば、地図と合わせてクーポンを用意するのもよいでしょう。スマートフォンサイト内にクーポンページを用意し、精算時にクーポン画面を提示することで割引を受けられるようにします（図❻）。クーポンによる集客効果を期待できるだけでなく、Webサイトの効果測定を簡単にできるメリットがあります。

　さらにJavaScriptを使うと、時間帯に合わせてクーポンの割引率を変えたり、ランダムでサービスの内容を変えたりして、お客様を楽しませることもできます。

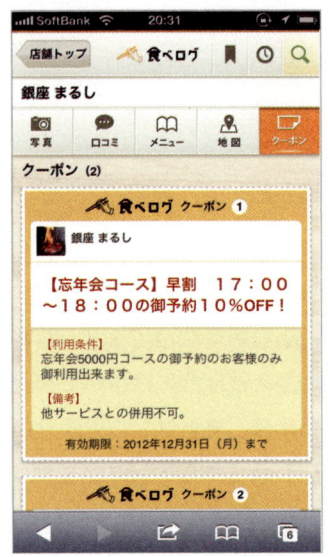

図❻
飲食店などであればクーポンページを用意し、持参したユーザーに対する特典を提供できる。画面は「食べログ」（http://www.tabelog.com/）

iOS 6に搭載された「Passbook」

　iOS 6には、新しい標準アプリである「Passbook」が搭載されています。Passbookは、クーポンや会員カード、搭乗券などを一元管理できるアプリで、時間や場所（GPS情報）で適切なクーポンを配布したり、人数限定で割引クーポンを配布したりできます。

　最近では、Pass（Passbookで管理できるクーポン）を簡単に作成・配布できるWebサービスも登場しています。

「あとで」を実現する

　ECサイトの場合は、最終的にフォームで注文を申し込んでもらう必要があります。会員登録によって簡単に購入できるようになっていたとしても、スマートフォンではじっくりと商品を検討できなかったり、すき間時間に見て「あとで買おう」と思って忘れてしまったりすることもあります。

　そこで、「とりあえず取り置き」といった機能を搭載しておくとよいでしょう。楽天市場では、「お気に入り」というボタンが目立つ位置に配置されていて（図❼）、時間ができた時にじっくり見たり、自宅に帰ってからPCのブラウザーで改めて検討したりできます。Amazon.co.jpにも同様に「ほしい物リストに追加」というボタンが準備されています（図❽）。

　「あとで」機能の実装にはシステム開発が必要ですが、もっと手軽なしくみとして、「mailto:」リンク[*3]を利用して電子メールを送信できるようにする方法もあります。これだけでも、サイトの離脱率を低く押さえられます。

*3
mailto:リンク
📖 125ページ

図❼
楽天市場（http://www.rakuten.co.jp/）の商品詳細ページ。購入ボタンの近くに、お気に入りに追加するボタンが配置されている

図❽
Amazon.co.jp（http://www.amazon.co.jp/）の商品詳細ページ。こちらでも、カートに入れると同じくらいの重要度のボタンとして配置されている

Facebook、TwitterでURLを共有する

　FacebookやTwitterといったソーシャルサービスと連携して、クチコミ効果につなげる方法もあります（図❾）。サイト内の各ページに「つぶやく」ボタンを設置することで気軽に友人と共有し、それを見た友人からのアクセスも期待できるでしょう。

ソーシャルサイトやソーシャルアプリを利用しているスマートフォンユーザーは多く、広告に比べて、友人が共有したURLは安心して訪れる傾向があるため、流入元として無視できない存在になっています。見ているページをできるだけ簡単に共有できる機能を提供するとよいでしょう。

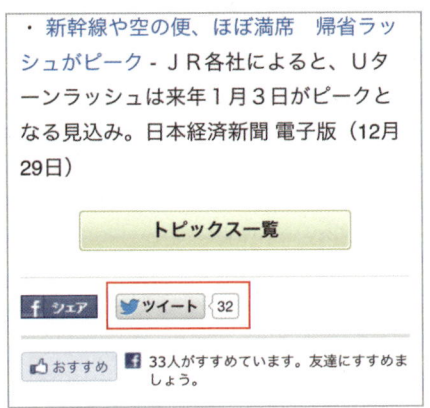

図❾
Twitterの「つぶやく」ボタンを設置し、クチコミ効果を狙う。上の画面は「Yahoo! ニュース」(http://headlines.yahoo.co.jp/hl)、右の画面は「ツイート」をクリックして表示されるTwiterの画面をiPhoneで表示

　TwitterやFacebook、mixiなどの主要なソーシャルサービスでは、共有ボタンを設置するスクリプトが配布されていますが、これらのサービスをまとめて設置できる「Zenback」のようなサービスもあります（図❿）。

図❿
Zenbackサービスを利用すれば、ソーシャル系のボタンを一括で設置できる（http://zenback.jp/）

ブックマーク、ホーム画面への追加

ニュースサイトなど、情報が頻繁に更新されるサイトの場合、ページビューやリピーターを増やすことがビジネスのゴールになることもあります。

リピーターを増やすには、ブラウザーのブックマークへの登録を促すのが一般的ですが、スマートフォンでは「ホーム画面」への登録が効果的です。ホーム画面に登録したWebサイトは、1タップですぐにアクセスできるので、高い確率でリピートしてもらえるでしょう。たとえば、図⓫のmixiでは初回のアクセス時に、ホーム画面への登録を促す**バルーンポップアップ**[*4]が表示されます（こうした演出にはJavaScriptを使います）。

[*4]
バルーンポップアップの制作
📖 171ページ

図⓫
ホーム画面への登録を促すふき出しでリピーターを増やす。上の画面はmixi (http://mixi.jp/)を、右の画面は「ホームに追加」をiPhoneで表示

また、ホーム画面には**「WebClipアイコン」**[*5]と呼ばれる専用のアイコンを設定できます（図⓬）。アイコンを用意することで、ユーザーにより愛着を持って利用してもらえます。

[*5]
WebClipアイコンの設定
📖 120ページ

図⓬
iPhone（左）やAndroid（右）のホーム画面に登録するとサイト側で指定した「WebClipアイコン」が表示される

そのほかのゴール

そのほか、iPhone/Android向けアプリの購入ページ、壁紙、音楽のダウンロードページなど、さまざまなゴールが考えられます。Webサイトの目的に合わせてゴールを設定し、導線を設計しましょう。

階層はなるべく浅く、1ページは長く

3G回線下で利用されることも多いスマートフォンは、高速なネット回線が当たり前のPCのように、Webページ間をさくさく移動する、といった使い方は想定できません。また、移動中など、Webサイトを閲覧中に電波状況が不安定になり、続きのページが読めなくなることもあります。

そこで、階層をなるべく浅くし、1ページ内にできるだけ多くの情報を収めるように設計します。携帯サイトにも通じる手法ですが、サーバーとの通信頻度を減らすことでユーザーのストレスを軽減するようにしましょう。

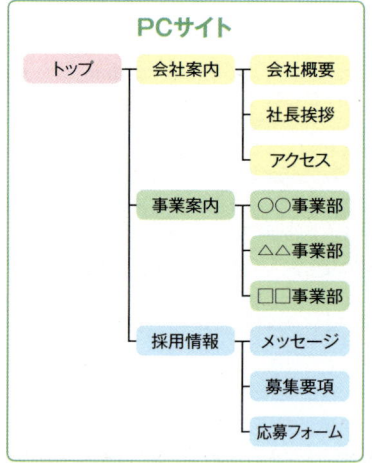
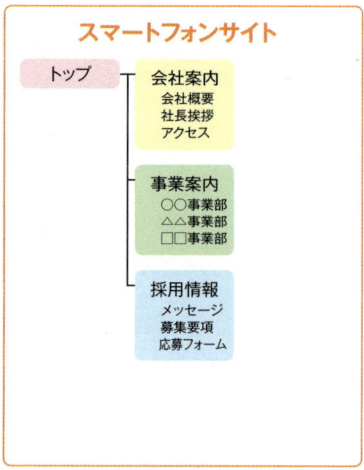

図⑬ PCサイトでは複数のページに分割するコンテンツでも、スマートフォンサイトでは1ページにまとめて階層を浅くする

実例：アーティストサイトを企画する

　ここまでの説明を踏まえて、実際にスマートフォンサイトを企画・設計してみましょう。本書では、筆者が関わっている「COCOA」というアーティストサイトの制作を例に、スマートフォンサイトの制作を解説します。COCOAのスマートフォンサイトは以下のように企画しました。

PCサイトの目的

　COCOAのWebサイト[*6]は、すでにPC向けのサイトが稼働しています（図⓮）。PCサイトでは、「ライブ情報のお知らせ・チケットの予約」「ライブ開催後のレポート」や、YouTube、Podcast、USTREAMでアーティスト自身が発信しているメディア情報などを掲載しており、既存のファンも新規のファンも楽しめるようなコンテンツを揃えています。

*6
http://cocoa-music.com/

図⓮
COCOAのPCサイト（http://cocoa-music.com/）

スマートフォンサイトの目的

　COCOAのファン層は10〜20代の女性がメインです。これらのユーザーは、「非PC世代」と呼んでもよいくらい、PCに親しみがなく、携帯電話を利用してコミュニケーションを取る人が多い特徴があります。現在ではスマートフォンへのシフトが急速に進んでおり、LINEなどを通じたコミュニケーションを日常的に取っています。

　そこで、スマートフォンサイトでは、「ソーシャルメディアとの接続」を重

視しました。

　また、外出先での利用を考慮して、「ライブ情報の提供」にも力を入れることにしました。ライブ情報を分かりやすく表示し、また実際にライブに足を運ぶときに参考になる情報を提供します。

流入＝ソーシャルメディア

　ターゲットユーザーとソーシャルメディアとの相性の良さから、流入は検索エンジンよりも「ソーシャルメディア」が期待できます。アーティスト自身によるTwitterやブログへの投稿のほか、ファン同士で共有しあうことで広がりを期待できるコンテンツを用意し、共有によって流入を増やすことを考えます。

ゴール＝ソーシャルメディアへの接続

　本サイトのゴールは、「楽曲の販売」と「ライブへの誘導」です。ただし、初めて訪れたユーザーが、いきなり楽曲を買ったりライブのチケットを予約したりするのは、なかなか考えにくいでしょう。まずはYouTubeで視聴し、その後、興味を持ったらライブに足を運んでもらう、といった流れが考えられます。

　そこで、最初のゴールとして、「ソーシャルメディアへの接続」を設定しました。Twitterアカウントをフォローしてもらったり、Facebookページに「いいね！」してもらったりすることで、継続的に情報提供できる機会を獲得することをゴールとします。

　以上を踏まえて作成したサイトマップが図⓯です。このサイトマップをもとに、実際のサイトを作り込んでいきましょう。

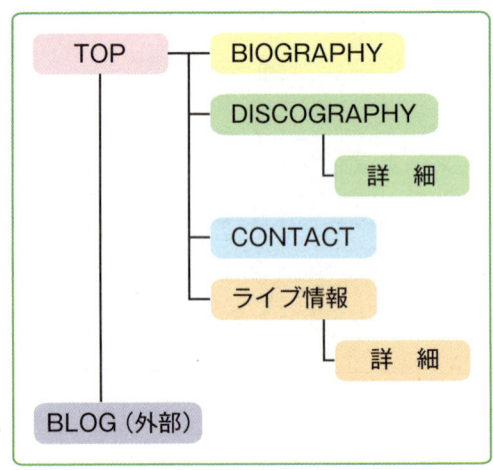

図⓯
COCOAのスマートフォンサイトのサイトマップ

2-2 使い勝手を考えてレイアウトしよう
スマートフォンサイトの画面設計

どんなスマートフォンサイトを作るかが決まったら、ページのレイアウトを進めましょう。さまざまな方法がありますが、ここではPCサイトと同様にワイヤーフレームを作成して設計する方法を紹介します。

ワイヤーフレームを描く

　スマートフォンサイトの画面設計では、大きく2つの方法があります。1つは、PCサイトと同様にワイヤーフレームを描く方法。もう1つは、実際に操作できる簡単なプロトタイプを作る方法です（次ページのコラム参照）。

　[2-1]でサイトを設計した「COCOA」のスマートフォンサイトでは、デザイン性を重視し、ワイヤーフレームを起こしました。ワイヤーフレームは紙に描いたり、スマートフォン向けのドローイングツールを使って描いたりできますが、筆者は「**Prototyper**」[*1]というデスクトップアプリを利用して作成しました。スマートフォン向けのUIパーツ類が揃っているので、簡単に画面設計を進められます（図❶）。

[*1] http://www.justinmind.com/prototyper/

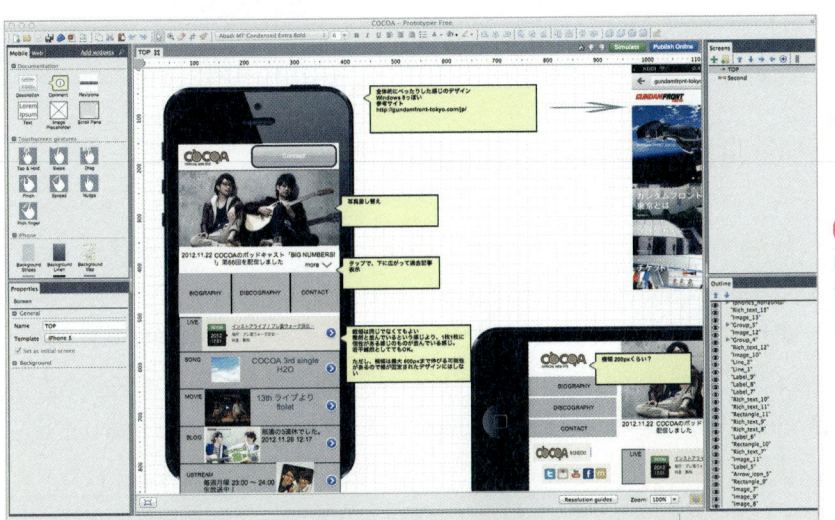

図❶ Prototyperを使って描いたスマートフォンサイトのワイヤーフレーム

プロトタイピングによる画面設計

　スマートフォンサイトの制作では、ワイヤーフレームで設計したレイアウトをもとに、Photoshopなどの画像編集ソフトでデザインカンプを作成し、HTMLで再現するのが一般的でした。しかし、スマートフォンは端末によって画面サイズがまちまちで、横幅を固定しないデザインであることも多いので、このワークフローがうまく当てはまらないこともあります。また、実際にスマートフォンで利用するときの使い勝手も考慮して設計しなければなりません。

　そこで、最近では「プロトタイピング」によって画面を設計することも増えています。プロトタイピングとは、あらかじめ必要な画面パーツを準備したHTMLの素材集（＝フレームワーク）を使ってHTMLを組み立て、実際に動くサンプル（＝プロトタイプ）を作成する手法です。最終的には、フレームワークのデザインをカスタマイズしたり、必要なパーツのデザインを起こし直したりして、Webサイトを仕上げていきます。

　プロトタイピングには次のようなメリットがあります。

- **制作者やクライアントが、設計しながらできあがりをイメージしやすい**
- **デザイナーが必要なパーツの種類や形を想像しやすい**
- **画面サイズなどに固定されることなく設計ができる**

　プロトタイピングによるサイト制作については、151ページで紹介します。

画面設計はiPhone 4/4Sをベースに

　iPhone/Androidの両方に対応したスマートフォンサイトのワイヤーフレームは、iPhone 4/4Sをベースにします。

　第1章で確認したように、Androidは端末によって画面解像度やディスプレイサイズがバラバラですが、iPhone 4/4Sよりも画面サイズの小さなAndroid端末は少なく、横幅が300px未満の端末は 10%未満しかありません。シェアを考慮すると**iPhone 4/4Sの画面サイズが「最小」**と考えて設計する

のが合理的です。

　iPhone 4/4Sの画面解像度は640×960pxですが、画面設計の段階では内部的な解像度（**CSSピクセル**[*2]）である320×480pxで画面設計します。ただし、常に画面のすべての領域を利用できるわけではありません。Safariを起動した直後の段階（縦向き画面）では縦124px分がアドレスバーとツールバーで占められており（スクロールするとアドレスバーが隠れる）、実際にWebページの表示に使える領域は限られます。こうした画面領域の制限は、ツールバーがないなどの違いはあるものの、Androidでもほぼ同様です（図❷）。

　特に広告バナーなどを配置する場合は、スクロールせずに表示される「ファーストビュー」の領域に収める必要があるので、ターゲットとする端末の有効表示領域を把握しておきましょう。

[*2]
CSSピクセル
📖 95ページ、164ページ

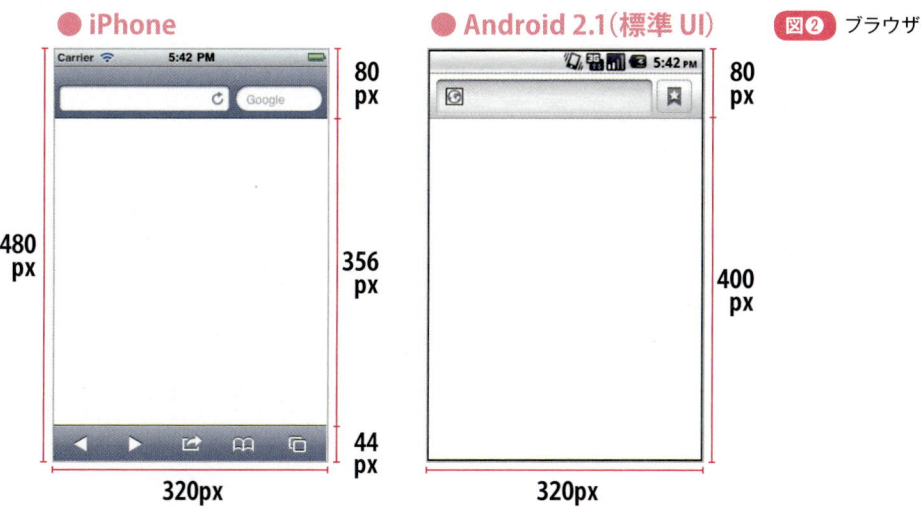

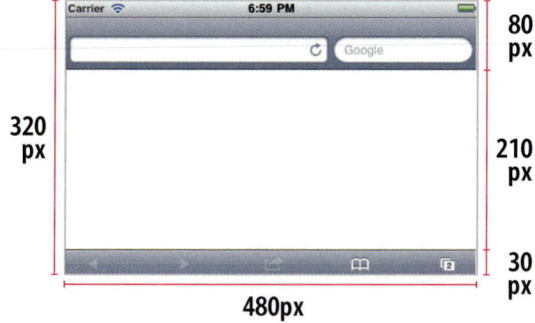

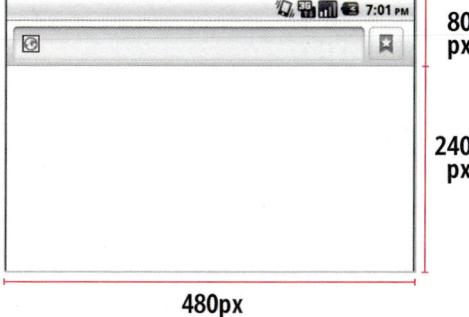

図❷ ブラウザー領域

iOS 6での全画面モード

　iOS 6のSafariでは、端末を横向きにした場合に「全画面モード」を利用できます。全画面モードでは、アドレスバーとツールバーが非表示になり、画面いっぱい（480×320px、〜iPhone 4Sの場合）にWebページを表示できます。

　ただし、全画面表示モードは、あくまでもユーザーの操作に任されており、Webサイト側から切り替えを指示できません。そのため、全画面モードに依存したWebサイトは作れません。

画面の向きは縦向き？　横向き？

　ほとんどのスマートフォンは、本体を傾けることで画面の縦横の向きを変えられるので、スマートフォンサイトはどちらの向きでも正しく表示されるように作る必要があります。

　では、ユーザーがWebサイトを閲覧するときの「最初の向き」は縦・横のどちらが多いでしょうか？　基本的には「縦」が標準と考えてよいでしょう。iPhoneのホーム画面には横向きが用意されていませんし、多くのiPhone/Androidアプリは縦向きを前提に設計されています。ほとんどのユーザーは縦向きでWebサイトを閲覧し、文字を入力する時にキーボードを幅広く利用できるように横向きに傾けるといった使い方が主と考えられます。

スマホサイトの画面設計のポイント

　スマートフォンで快適に利用できるWebサイトを作るためには、画面設計の段階でも気をつけたいポイントがあります。以下のような点に気をつけてワイヤーフレームを作成しましょう。

文字サイズはPCサイトよりも大きく

　移動中に利用することも多いスマートフォンでは、細かい文字が実際のサイズ以上に読みづらく感じることがあります。拡大ボタンをタップしたり

（Android）、ダブルタップやピンチしたり（iPhone）すると拡大できますが、実際のところ拡大・縮小操作をしながらの閲覧はなかなか面倒です。

　そこで、本文の文字サイズはPCよりも少し大きめの14〜15px程度に設定して画面を作るのがよいでしょう。場合によってはPCサイトよりも文章の量を減らすなどの工夫が必要になることもあります。

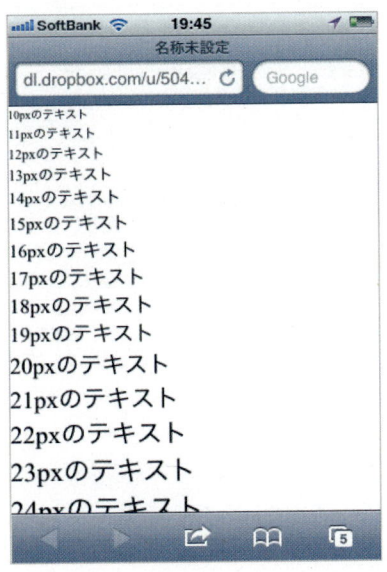

図❸
iPhoneでの文字の大きさ。本文は14〜15px程度を目安に設定しよう

タップしやすくする

　ほとんどの操作を指で済ませることが多いスマートフォンでは、小さなリンク要素や文章内のリンクは非常にタップしにくく、誤操作やユーザーのストレスを招く原因となります。そこで、次のような手段を検討しましょう。

大きなボタンを配置する

　mixiのログイン画面のように、画面の幅いっぱいの大きなボタン要素を配置すると楽に操作できます（図❹）。

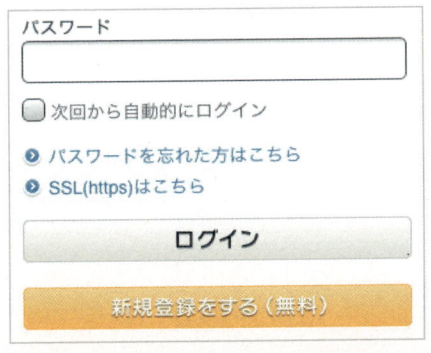

図❹
mixi（http://mixi.jp/）のログイン画面。画面幅いっぱいにログインボタンを表示してタップしやすくしている

リストにする

複数のリンクが並ぶ場合には、NAVERのようにリストにするとよいでしょう（図❺）。**エリア全体にリンク領域を設定**[*3]すると、リスト内の余白部分やリストの横幅いっぱいまでをリンク領域にできます。

*3
エリア全体へのリンク
📖 118ページ

図❺
NAVER（http://www.naver.jp/）は縦幅の広いリストで項目を並べている。リストの各項目全体がリンク領域になっていてタップしやすい

アイコンにする

リストでは地味になる場合は、iPhoneのホーム画面のようにアイコンを並べて、コンテンツを選んでもらうインターフェイスもあります。nanapiではアイコンとリストを組み合わせて配置しています（図❻）。

図❻
nanapi（http://nanapi.jp/）の画面。iPhoneユーザーを意識してか、アイコンでコンテンツを選べるようにしている

スタートボタンを配置する

図❼のように、画面の分かりやすい場所に1つだけボタンを配置し、タップされるとメニューが展開するインターフェイスもあります。画面をすっきり見せ、指の移動を最小限に抑えられます。スマートフォンアプリの「Path」から流行ったインターフェイスです。

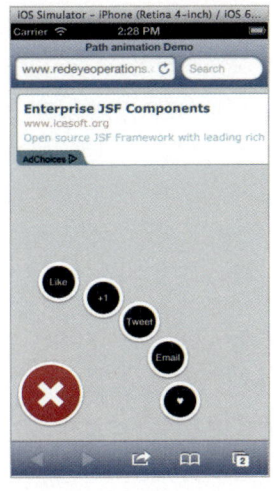

図❼
Pathが採用しているナビゲーションをWebサイトに応用したスクリプト（http://www.redeyeoperations.com/blog/path-fly-out-menu-css3/web-tutorials/）

デッドポイントを意識する

タッチパネルの操作といっても、ユーザーによって使い方は異なります。ユーザーは実際に操作するとき、どちらの手で持ち、どのように操作するでしょうか。

①片手で抱えて、もう一方の人差し指で操作する
②両手で抱えて、両方の親指で操作する
③片手で持って、親指で操作する（つまり、片手で操作する）

①、②の場合は問題がありませんが、問題は③の操作です。この場合、非常にタップしにくい場所（デッドポイント）ができてしまいます（図❽）。手の小さな女性には、操作に支障が出る場合もあります。

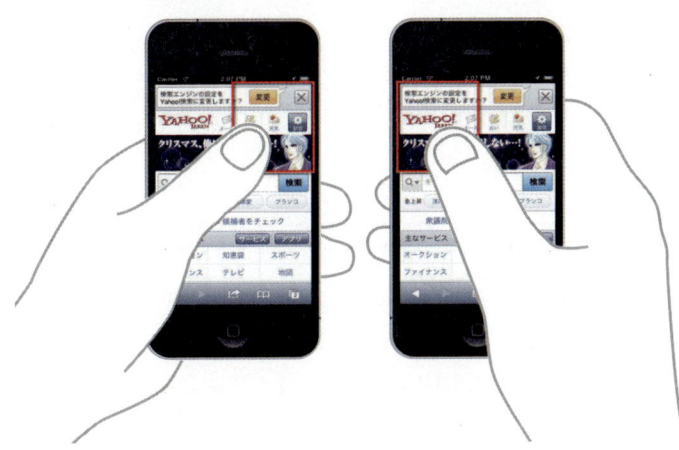

図❽
片手操作で発生するデッドポイント（左手で持った場合と、右手で持った場合）。画面が大型化するほど、この領域は広がる

特に、ハンドバッグを持って立ったまま使う場合や、電車の中で吊革につかまって操作する場合など、片手でしか利用できない場面が想定される場合は、操作の要となるナビゲーションやボタンをデッドポイントに配置しないようにしたり、別の場所からもアクセスできるようにしたり工夫しましょう。

横向きにしたときのデッドポイント

スマートフォンは画面を横向きにしても利用できるので、デッドポイントは変わることがあります。横向きにした状態では、たいていの場合は両手で抱え込むような形で使います。

すると、iPhone 5のような幅の広い端末では画面の中心付近にどちらの親指も届きにくくなり、のような上部ナビゲーションは押しにくくなる可能性があります。

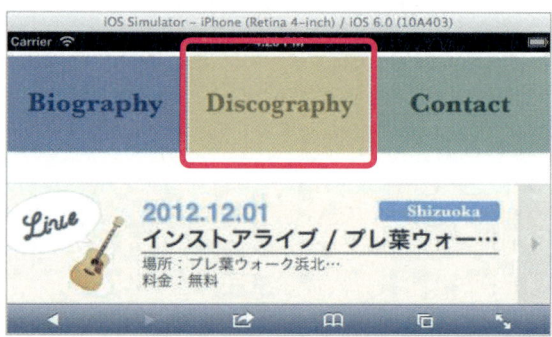

図❾
ナビゲーションを横に並べると、中心上部にデッドポイントが生まれる

そこで、図❿のようにナビゲーションを片側に寄せるなど、画面設計を大きく変更する必要があります。

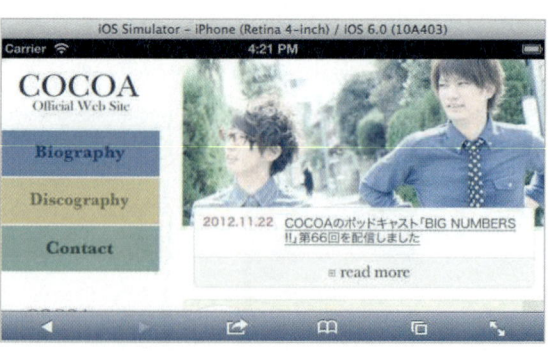

図❿
画面の端にナビゲーションを移した例。これなら操作しやすくなる

この画面設計には、もう1つ利点があります。iPhone 5を横にした場合、画面の高さは320pxしかありませんが、幅は510pxもあります。ワイドな画面の横幅いっぱいにコンテンツを展開すると、本文が読みにくくなったり、

文字が大きくなりすぎたりします（図⓫）。

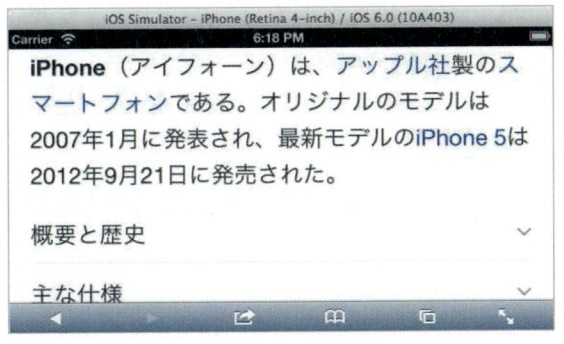

図⓫
Wikipediaを画面幅一杯で閲覧すると、文字が非常に大きくなる

また、ナビゲーションを画面上部に配置すると、縦幅が狭いのでファーストビューでコンテンツがほとんど見えなくなってしまいます（図⓬）。

図⓬
縦幅が狭いのでコンテンツが見えなくなる

左右に分割して設計することで、画面領域を有効に活用し、本文の幅を狭めて読みやすい画面を作れます。

長いページを使いやすくする

スマートフォンサイトは、階層を浅くするために1ページの情報量が多くなりますが、スマートフォンのブラウザーはタッチ操作が中心になるので、長いページ内を一気に移動するのは大変です。そこで、長いページを見やすく表示する工夫を考えましょう。

ページ内リンクを配置する

ページ内のコンテンツにリンクするボタンを配置することで、ページ内の他の箇所へスムーズに移動できるようになります。

折りたためるようにする

　JavaScriptを利用して、**折りたためるパネル**でスペースを節約しながら、読み込み頻度を減らせます。たとえば、Amazonではすべての商品のカテゴリーリストを折りたたんでおいて、必要に応じて表示できるようにしています(**図⓭**)。

図⓭ Amazon.co.jpはカテゴリーリストに伸縮するパネルを採用。ボタンをタッチするとさらに詳細なカテゴリーリストが格納／展開する

タブで区切る

　複数のジャンルがあるコンテンツをジャンルごとに「タブ」で区切る**タブパネルで表示**[*4]します。タブをタップするとページ遷移なしでコンテンツが切り替わり、限られたスペースで多くのコンテンツを展開できます(**図⓮**)。

[*4] タブパネルの制作
📖 166ページ

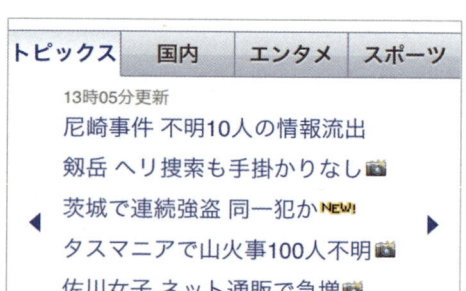

図⓮ Yahoo! JAPANのトップページはタブによってコンテンツを切り替えるユーザーインターフェイスを採用

左右からせり出す

　ボタンをタップすることで、左右から縦長のナビゲーションが現れます。多くの情報量を表示できます(**図⓯**)。

図⓯
FacebookのWebページ。
ボタンをタップすると、
左側からコンテンツ一覧
が表示される

電話としての使い勝手を考慮する

　[2-1]で紹介したように、スマートフォンは電話ですので、「電話による問い合わせ」がゴールになることがあります。電話番号を掲載する場合は、ユーザーが実際に電話をかけるシーンをイメージして設計しましょう。もっとも悪い例は、図⓰のように電話番号が画像で記載されているサイトです。

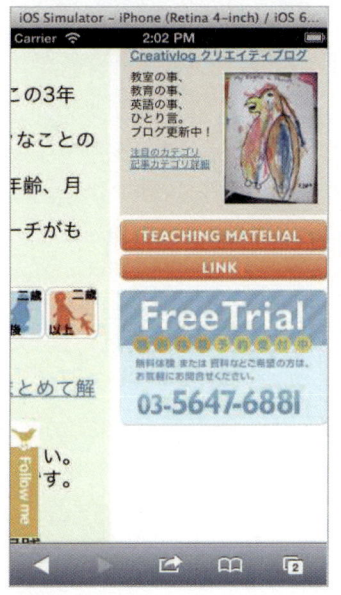

図⓰
電話番号が画像で作られていると、ユーザーは目で見て打ち込むしかなくなってしまう

ユーザーが電話番号をコピーできないので、暗記したりメモをしたりしなければなりません。スマートフォン専用サイトはもちろん、スマートフォンからのアクセスがあるPCサイトでも電話番号はテキストで記載したほうがよいでしょう。

iOSの場合、ハイフンで区切られた数字の羅列を自動的に電話番号と認識し、**リンクを張る機能**[*5]があります。文字で記述しておけば、このような機能の恩恵も受けられます（図⓱）。

*5
Androidではリンクが張られなかったり、誤認識したりする場合があります。
明示的に電話番号にリンクを張る方法
📖 122ページ

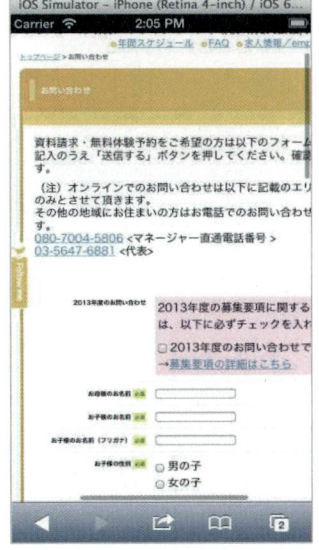

図⓱
文字で記述した数字は電話番号として認識される

スマートフォンサイトの設計では、小さな画面に各パーツを大きく配置しなければならず、やりくりが難しくなります。また、ユーザーの特性や具体的な利用シーンなどを考慮して設計を進めなければなりません。紹介した手法を参考にして、うまくスペースを節約しながら操作性のよいサイトを設計しましょう。

2-3 ワイヤーフレームからデザインを考えよう
グラフィックソフトでデザインカンプを作る

画面設計が終わったら、次はデザインです。作成したワイヤーフレームをもとに、デザインカンプを作成します。

デザインカンプとインブラウザーデザイン

スマートフォンサイトのデザインでは、従来のPCサイトと同じように、ワイヤーフレームから画面全体のデザインカンプ（1枚絵）を起こし、スライスしてHTML/CSSを組む方法と、デザインカンプを作成せずに最初からHTML/CSSのコードを書きながらデザインしていく「インブラウザーデザイン」という方法があります（次ページのコラム参照）。

サンプルサイトの「COCOA」では、[2-2]で作成したワイヤーフレームをもとに、Photoshopでデザインカンプを作成しました。CSSを利用して縦向きと横向きとで別のレイアウトとするため、2つのカンプを作成しています（図❶、図❷）。

図❶
「COCOA」のスマートフォンサイトのデザインカンプ（縦向き）

図❷
「COCOA」のスマートフォンサイトのデザインカンプ（横向き）

インブラウザーデザインによる制作

　スマートフォンサイトの制作、特にレスポンシブWebデザインでは、基準となる画面サイズが定まらないため、HTMLベースで画面全体のデザインを起こしてCSSをカスタマイズしていく「インブラウザーデザイン」という手法が使われることがあります。

　あらかじめレスポンシブWebデザインの基本的な機能が搭載されたフレームワークを元にデザインすることで、制作効率を上げられます。以下のようなフレームワークがあります。

● Bootstrap
　http://twitter.github.com/bootstrap/

●**jQuery Mobile**
http://jquerymobile.com/
●**Skeleton**
http://www.getskeleton.com/

インブラウザーデザインについては、152ページで紹介します。

スマートフォンサイトをデザインするポイント

　デザインカンプを作成する作業はPCサイトの場合とほとんど変わりませんが、スマートフォンサイトのデザインを効率的に進めるために注意したいポイントを紹介します。

Retina対応のため画面解像度を2倍で作成する

　iPhone 4以降に搭載された**「Retinaディスプレイ」**[*1]では、「1ドット」に相当するエリアに「4ドット」分の情報が詰まっており、320×480pxの画像を2倍に引き延ばして表示するしくみになっています。そのため、320×480pxの画像を作成すると、ぼけて表示されてしまいます（図❸）。

*1
Retinaディスプレイ
📖 25ページ

図❸
Retinaディスプレイでは画像を引き延ばして表示するため320×480pxではぼける

　この問題を防ぐには、デザインカンプをあらかじめ縦横2倍の大きさ（iPhone 4/4Sを基準とする場合は640×960px）で作成します。その際、Photoshopなどの画像ツールの拡大率を「50%」にすると、Retinaディスプレイで画面を表示した時と同じ状態で確認できます（図❹）。

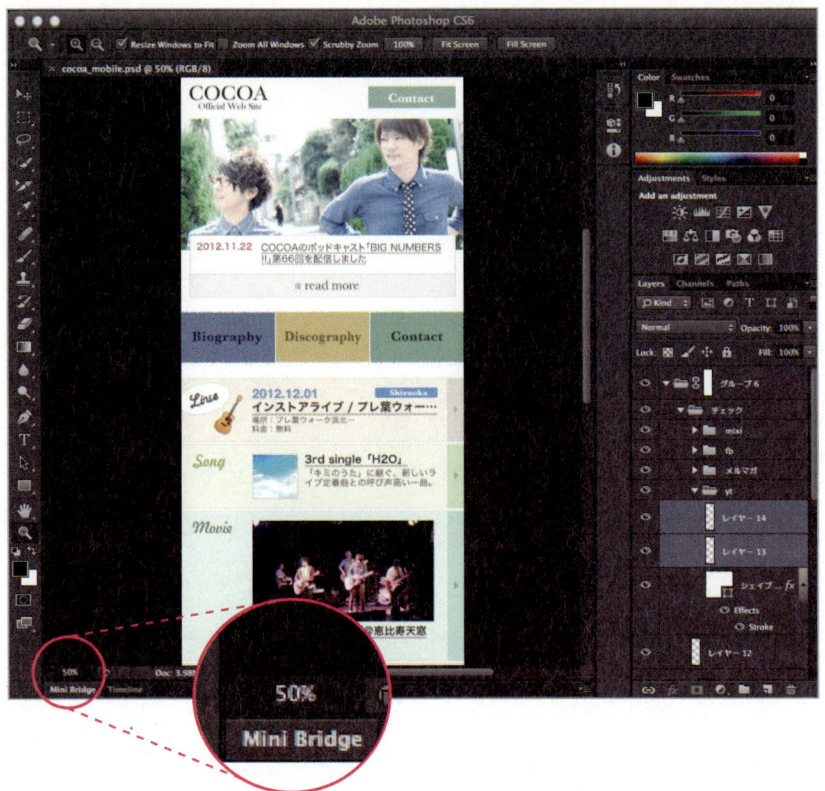

図❹ Photoshopでは50%に縮小して表示して作業する

リキッド（可変幅）でデザインする

　背景画像をデザインする場合、640pxの画面幅ぴったりで作成すると、横幅が640pxを超える大きな端末で表示したときに、余白が出てしまいます。また、背景画像は繰り返しても表示できますが、つなぎ目部分を意識しないと不自然な背景になってしまいます。

　そのため、繰り返しパターンを不自然にならないようにデザインするか、横幅を十分に取って（最大2000px程度）、デザインする必要があります（図❺）。

図❺
可変幅に対応できるように繰り返しパターンなどで工夫する

標準パーツを意識する

　スマートフォンは「指」での操作を前提とするため、各パーツを大きめにデザインしなければなりません。アップルのガイドラインによれば、1辺が44px以上、マイクロソフトのガイドラインでは9mmが推奨とされています。

　デザインカンプを起こす場合も、OS標準パーツを意識してデザインするとやりやすいでしょう。OS標準パーツは、Web上で配布されているデザインテンプレートを利用すると手軽です。たとえば、「**iOS 5 GUI PSD(iPhone 4S)**」[*2]というデザインテンプレートには、iPhone 4Sの各パーツが、Photoshopデータとして収録されています(図❻)。これを参考にしてカンプを作成すると、iPhoneユーザーが操作に迷わないボタンをデザインできます。

*2 http://www.teehanlax.com/downloads/ios-5-gui-psd-iphone-4s/

図❻　「iOS 4 GUI PSD(iPhone 4S)」にはiPhone 4Sの標準パーツがPhotoshopデータとして収録されている

画像の使用を控えてページ容量を抑える

　スマートフォンサイトでは、通信速度の遅い3G回線でも閲覧されることを考慮して、ページ容量をなるべく少なく抑える必要があります。そこで、

特に容量の大きい画像ファイルは減らす工夫をしましょう。

テキストは画像化しない

　PCサイトでは、もっとも利用者の多いWindowsのInternet Explorer（IE）に合わせて、本文（テキスト）をMSゴシックで表示される前提でデザインします。タイトルや見出し部分は見栄えをよくするために、商用フォントなどを使った文字を画像として切り出して使うのが一般的です（図❼）。

図❼
PCサイトではアンチエイリアスが効かない環境を想定して、大きな見出しには画像を使うことが多い（画面はWindows XP/IE7による表示）

　一方、スマートフォンは、iPhoneを初めとしてテキストの状態でも十分美しく表示されるフォントが搭載されている場合が多いです。また、CSS3の**text-shadow**[*3]などを組み合わせれば、見栄えよくデザインすることができます（図❽）。タイトルや見出しをデザインするときはなるべくテキストを活用した装飾を心がけましょう。

[*3]
text-shadow
110ページ

図❽
Yahoo! JAPANのスマートフォンサイト。見出し部分は画像を使わず、CSS3のテキストシャドウで処理している

装飾画像はなるべく少なく

　CSS3で追加されたビジュアル表現のためのプロパティは、これまで画像で再現していた処理を大幅に置き換えられる機能を持っています。

　たとえば、よく使われる**角丸ボックス**[*4]の枠や**グラデーション**[*5]もCSS3で表現できます（図❾）。もちろん画像に比べると制約はありますが、それほど高いデザイン性が必要でない部分はCSS3を積極的に活用しましょう。

　CSS3と画像をうまく切り分けるためには、HTMLコーディングはしないデザイナーでも、CSS3でどこまで表現できるかを事前に把握しておく必要があります。

[*4]
CSS3による角丸処理
104ページ

[*5]
CSS3によるグラデーション
115ページ

図❾
楽天市場のスマートフォンサイト。画像ではなくCSS3で角丸とグラデーションのボタンを実装している

PNG画像を積極的に活用する

　スマートフォンのブラウザーではPCサイトと同じようにGIF/JPEG/PNG形式の画像が表示できますが、特に積極的に利用したいのがPNG形式です。

　PNG形式は、Internet Explorer 6などの一部のブラウザーが完全にサポートしていなかったので、PCサイトでは利用に制限がありました。また、携帯サイトでも、通信キャリアや端末によって対応状況が異なっていたため利用が難しく、ほとんどのキャリアや端末が対応しているGIF形式が多用されています。

　しかし、過去のしがらみがないスマートフォンではPNG形式はむしろ非常に使いやすい画像形式です。PNGにはデータ量に応じて8、24、32の3つの形式があります。それぞれの特徴を紹介しましょう。

PNG8

　GIF画像と同様、256色までの色数を扱える画像形式ですが、GIFに比べて圧縮率が高く、軽い画像データを作れます。

　ただし、GIF画像に備わっている「アニメーション機能」は標準ではサポートされておらず、簡易アニメを作成したい場合にはGIFを使う必要があります。

PNG24/32

　JPEGと同様、フルカラーを扱えるデータ形式です。「アルファチャンネル」いわゆる「半透明」の表現ができます。GIFでは「透過色」として1色を完全な透明に設定できますが、PNG24/32のアルファチャンネルを利用すると複数の画像や背景を重ね合わせた美しい色表現ができます。

ただし、JPEGに比べると圧縮率は高くないので、写真などはこれまでと同じくJPEGを利用するとよいでしょう。

　PNG形式は便利なフォーマットですが、当然ながら各画像形式にはそれぞれメリット・デメリットがあり、絵柄や用途による向き不向きがあります。ロゴやイラストなどのはっきりした色使いの画像、GIFを利用していたような画像は圧縮率の高い「PNG8」、アルファチャンネルを利用したければ「PNG24/32」、写真や絵画などの画像は圧縮率の高い「JPEG」、ちょっとしたアニメーションには「アニメーションGIF」といった具合にうまく使い分けましょう（図⓾、図⓫）。

図⓾
JPEG/GIF/PNGの違い。写真などはPCサイトと同じくJPEGが基本

図⓫
JPEG/GIF/PNGの違い。ロゴ画像などはGIFではなくPNGを活用する

コントラストを意識する

　iPhoneをはじめ、現在市場に出回っているスマートフォンはすべてフルカラー液晶を搭載しているので、使用する色についてそれほど気を使う必要はありません。ただし、屋外での利用も多いスマートフォンは、太陽光の下ではコントラストが低い画面は見にくい場合があります。また、Webブラウザーを搭載した電子書籍端末には、モノクロの電子ペーパーや色数の少ない液晶を採用している端末もあります。アクセシビリティのことも考え、背景色と文字色にはPC以上に十分なコントラストを取って見やすくデザインしましょう。

　一例として、あえて背景を黒などの濃い色にし、文字色を白に反転させることで読みやすくする方法もあります（図⓬）。色の組み合わせはサイトの印象を大きく左右するので必ず採用できるわけではありませんが、選択肢として頭に入れてくとよいでしょう。

図⓬
NAVERのトップページ。背景を黒に、文字を白にして見やすくしている

リンク要素は分かりやすく

　スマートフォンはPCと違いマウスカーソルがないため、ボタンをロールオーバーしたり、リンクマークの上でマウスアイコンや色を変えたり、といった演出ができません。できるだけテキストリンクは利用せずにボタンなどを作り、テキストリンクは必ず本文と色を変えて下線を引くなど、**一目でリンクと分かるような工夫**が必要です。

ロールオーバーは利用できない

　PCサイトではリンク部分にあえて下線を引かず、ロールオーバー時にのみ下線を表示したり、色を変えたりする場合があります。しかし、ロールオーバーができないiPhone/Androidではこうした表現はできません。リンク部分にはあらかじめ下線を表示しておいたり、分かりやすい色を使ったりしましょう。

リンク画像はルールを決めて

　PCサイトのようにマウスカーソルが指の形に変わることがないので、画像にリンクが設定されていても、ユーザーは実際にタッチしてみないとリンクかどうか分かりません。リンクだと思ってタッチしたのに反応がないと、ユーザーはストレスを感じてしまうでしょう。

　リンクを設定する画像には立体感や枠を付けたり、アイコンでリンクであることを示すなど、サイト内でルールを定めて統一しましょう。

　本書のサンプルの「COCOA」のサイトでは、リンクの部分には三角形を配置し、テキストの下に下線を引いています。リンク部分は、実際にはテキストだけではなく、エリア全体をタップできるように工夫します（図⓭）。

図⓭
リンクの場合はリンクを示すアイコンや下線で分かりやすくする

第3章

［制作編］
HTML/CSSの作成とサイトの公開

3-1	HTMLの基本的なマークアップ	92
3-2	CSS3でスマホサイトをスタイリング	103
3-3	使いやすさをアップする仕上げの作業	118
3-4	PCとスマートフォンサイトを振り分ける	130

3-1 ページの基本構造を作り上げる
HTMLの基本的なマークアップ

第3章では、第2章で作成した「COCOA」のデザインカンプをもとに、HTML/CSSをマークアップしてページを完成させます。スマートフォンサイトの制作ではHTML5/CSS3の活用がポイントです。

HTMLテンプレートを用意する

*1
HTML5
📖 113ページ

スマートフォンサイトのマークアップを始める前に、ベースになるHTMLのテンプレートを用意しましょう。最近のWeb制作では、**HTML5**[*1]を利用することが多くなってきています。iPhone/Androidなどの主要なスマートフォンはHTML5のマークアップに対応していますので、HTML5を採用しましょう。

HTML5では次のようなテンプレートを利用します。

```html
<!DOCTYPE html>
<html lang="ja">
<head>
<meta charset="UTF-8">
<title></title>
</head>
<body>
</body>
</html>
```

このHTMLテンプレートのhead要素に、必要な設定を追加していきます。

Viewportを設定する

最初に、スマートフォンサイトならではの手続きとして、「Viewport」を設定します。

Viewportとはスマートフォン向けWebブラウザーの多くが採用している

仮想ウィンドウサイズのことです。iPhoneやAndroidで一般的なWebサイトを見ると、少し縮小されて表示されます。実際の解像度とは別に「どのようなディスプレイサイズで閲覧するか」を決め、PC向けの大きなWebページを俯瞰して見られるようにしているのがViewportです（図❶）。

図❶
iPhoneにおけるViewportの例。PC向けのWebページが、幅980pxのウィンドウに縮小して表示される

　Viewportのしくみは便利な半面、スマートフォン専用にサイトを制作した場合は、全体が小さくなりすぎて見づらくなってしまいます。そこで、Viewportの値を変更してページが100%で表示されるようにしましょう。
　Viewportの値は、head要素内に以下のようにmeta要素を記述して設定します。

```
<meta name="viewport" content=" プロパティ = 値 ">
```

　content属性には次のようなプロパティをカンマ区切りで記述できます。

● width=横幅
　Viewportで表示する画面の横幅をピクセル単位で指定します。たとえば、「1024」と指定すると幅1024pxのウィンドウサイズに設定されます。どの端末でも100%で表示するには「device-width」を指定します。これにより、端末の横幅に合わせて値が自動的に決定されます。

● **height=高さ**

widthと同様に、画面の高さを基準に表示倍率を設定できます。

● **initial-scale=初期の倍率**

ブラウザーで表示したときの画面の倍率を指定します。たとえば、「1」を指定すると等倍、「2」を指定すると2倍になります。指定を省略すると、widthで設定した横幅もしくはコンテンツ幅が収まるように倍率が自動的に調整されます。

● **minimum-scale=最小倍率, maximum-scale=最大倍率**

スマートフォンは2本指でピンチしたり（iPhone）、拡大ボタンをタップしたり（Android）することで画面を縮小・拡大できます。このときの最小・最大の倍率を指定します。

● **user-scalable=【yes】または【no】**

ユーザーによる拡大・縮小の操作を許可するかを設定できます。**値を「no」にすると、「minimum-scale」「maximum-scale」の設定は無効**[*2]になります。

*2 一部無効にならないAndroid端末もあります

初期のスマートフォンサイトでは、ユーザーの拡大・縮小を無効にし、アプリのような見た目を再現する設定が主流でした。

```
<meta name="viewport" content="width=device-width;
 initial-scale=1.0; maximum-scale=1.0; user-scalable=no">
```

しかし、Webブラウザーに本来備わっている機能を無効にして、制作者の意図を強制するのは好ましくないといった意見があり、現在では次のようにwidthのみを設定するサイトが主流となっています。

```
<meta name="viewport" content="width=device-width">
```

端末を横にするとWebサイトの大きさが横幅に合わせて広がるため、それを防ぎたいサイトの場合は合わせて**initial-scaleの設定**[*3]もします。

*3 initial-scaleの設定
📖 150ページ

iPhone 4以降のdevice-width

　Viewportのwidthに「device-width」を設定すると、端末の横幅で値が自動的に決定されるので、本来はiPhone 3G/3GSは320px、iPhone 4以降は640pxになるはずです。ところが実際には、iPhone 4以降でも320pxに調整されます。iPhone 4以降の画面解像度は 3G/3GSの2倍以上ですが、Mobile Safariの内部的な解像度（CSSピクセル）はどちらも320×480pxに設定されているため、iPhone 3G/3GS向けに制作したWebページはiPhone 4以降でも同じように表示されるのです。

user-scalableは「no」にするべき？

　「user-scalable」を「no」に設定すると、ユーザーによる拡大・縮小ができなくなり、アプリを利用しているのと同じような感覚で操作できるようになります。

　反面、ユーザーが「この図をもっと拡大してみたい」などの要求に応えられなくなり、使い勝手が悪くなる可能性があります。安易には設定せず、拡大・縮小をされた場合でも正しく表示できるようにするのが原則です。どうしても拡大・縮小を禁止するのであれば、操作性を細かくテストし、使い勝手に支障がないと判断したうえで設定しましょう。

リセットCSSの組み込み

　Viewportの次に、**リセットCSS**を組み込みます。文字のサイズや太さ、マージンなどのスタイルはブラウザーによって異なるので（ブラウザーの標準スタイルが適用される）、リセット用のCSSを適用してブラウザーの標準スタイルを無効にするわけです。

　HTML5用のリセットCSSはいくつかありますが、本書では**HTML5 Doctor**[*4]が配布している「**html5reset.css**」[*5]を利用します。

　ダウンロードしたCSSファイルは適当なフォルダにコピーし、不要なバージョン番号など取り除くためにファイル名を変更します。サンプルでは「/_/css」に「reset.css」という名前でコピーしました。HTMLからは次のように参照します。

[*4] http://html5doctor.com/
[*5] http://code.google.com/p/html5resetcss/

```
<link rel="stylesheet" href="/_/css/reset.css">
```

　最後に、title要素を実際のサイト名に変更したらHTMLテンプレートの準備が整いました。ここまでに設定したhead要素を確認しておきましょう。

```
<head>
  <meta charset="UTF-8">
  <title>COCOA official website（ココア）- a Cup of Music</title>

  <meta name="viewport" content="width=device-width">
  <link rel="stylesheet" href="/_/css/reset.css">
</head>
```

　続いて、ページのコンテンツ（内容）をマークアップしていきます。

Compassを利用したリセット

　CSSを記述するときに便利なのが、よく使うCSSがあらかじめまとめられている「フレームワーク」です。中でも「Compass」（http://compass-style.org/）は人気があります。
　Compassを利用すると、本文で紹介したリセットCSSをはじめ、floatした要素の背景が正常に描かれなくなることを防ぐ「clearfix」と呼ばれるテクニックや、ページをレイアウトするための記述などが、簡単に呼び出せます。
　Compassの利用には、コンパイル環境を構築する必要があります。興味のある方は専門書やWebで調べてみましょう。

基本的な要素をマークアップする

　スマートフォンは環境によって通信回線が低速になるので、画像を多用するとページが表示されるまでに時間がかかります。必要のない画像の使用は控え、ダウンロードするコンテンツの容量を最小限に抑えましょう。
　サンプルでは、[2-3]で作成したデザインカンプから写真やイラストだけを画像として切り出し、それ以外のタイトル文字やボタンなどは**CSS3**[*6]を使って装飾します（図❷）。

[*6] CSS3
📖 114ページ

図❷
デザインカンプのうち、写真やイラストを切り出し、それ以外はCSS3で装飾する

　基本的な要素のマークアップから始めます。Photoshopで画像を切り出して保存します。写真はJPEG形式で、イラストはPNG形式(PNG24)で保存します。サイト名はh1要素、小見出しはh2要素といった具合に通常のPCサイトと同様にマークアップします。実際のHTMLは**サンプル❶**です。

サンプル❶
chap03/01/01/

```html
<header id="header">
  <h1><img src="img/common/header_logo.png" height="28" width="89" alt="COCOA Official Web Site"></h1>
  <p>Contact</p>
<!-- header --></header>
```

```html
<div id="main">
  <div class="blkRootTop_mv">
    <img src="img/module/img_mv01_01.jpg" height="150" width="320" alt="">
  <!-- blkRootTop_mv --></div>

  <div class="blkRootTop_news modBox01">
    <article>
      <p class="time">2012.11.22</p>
      <p class="text"><a href="xxx">COCOAのポッドキャスト「BIG NUMBERS!!」第66回を配信しました</a></p>
    </article>
    <div class="inner">
      <article>
        <p class="time">2012.11.22</p>
        <p class="text"><a href="xxx">COCOAのポッドキャスト「BIG NUMBERS!!」第66回を配信しました</a></p>
      </article>
      <article>
        <p class="time">2012.11.22</p>
        <p class="text"><a href="xxx">COCOAのポッドキャスト「BIG NUMBERS!!」第66回を配信しました</a></p>
      </article>
    </div>
    <p class="btn"><span>read more</span></p>
  <!-- blkRootTop_news --></div>

  <nav id="globalNavLand">
    <ul>
      <li class="bio"><a href="xxx"><span>Biography</span></a></li>
      <li class="disco"><a href="xxx"><span>Discography</span></a></li>
      <li class="contact"><a href="xxx"><span>Contact</span></a></li>
    </ul>
  <!-- globalNavLand --></nav>

  <nav id="globalNavPort">
    <ul>
      <li class="bio"><a href="xxx"><span>Biography</span></a></li>
      <li class="disco"><a href="xxx"><span>Discography</span></a></li>
      <li class="contact"><a href="xxx"><span>Contact</span></a></li>
```

```html
      </ul>
    <!-- globalNavPort --></nav>

    <div class="blkRootTop_pickup modBoxList01">
      <article class="live">
        <a href="xxx">
          <p class="title">Live</p>
          <div class="detail">
            <p class="time">2012.11.22</p>
            <p class="name">インストアライブ / プレ葉ウォーインストアライブ / プレ葉ウォーインストアライブ / プレ葉ウォーインストアライブ / プレ葉ウォー</p>
            <ul>
              <li>場所：プレ葉ウォーク浜北</li>
              <li>料金：無料</li>
            </ul>
            <p class="shizuoka">Shizuoka</p>
          <!-- detail --></div>
        </a>
      <!-- live --></article>
      <article class="song">
        <a href="xxx">
          <p class="title">Song</p>
          <div class="detail">
            <p class="img"><img src="img/module/img_cd01_01.jpg" height="50" width="50" alt=""></p>
            <p><span>3rd single「H2O」</span>「キミのうた」に継ぐ、新しいライブ定番曲との呼び声高い一曲。</p>
          <!-- detail --></div>
        </a>
      <!-- song --></article>
      <article class="movie">
        <a href="xxx">
          <p class="title">Movie</p>
          <div class="detail">
            <p class="img"><img src="img/module/img_movie01_01.jpg" height="115" width="205" alt=""></p>
            <p>13周年ワンマンライブ＠恵比寿天窓 .switch【I】</p>
          <!-- detail --></div>
        </a>
      <!-- movie --></article>
    <!-- blkRootTop_pickup --></div>

    <aside class="blkRootTop_related modBoxList02">
      <article class="blog">
```

```html
        <a href="xxx">
          <p class="title">COCOA 公式 blog「笑う門には福来るっ！」</p>
          <p><span>ココスタでしたのよー！</span>2012.12.04 13:01</p>
        </a>
      <!-- blog --></article>
      <article class="ust">
        <a href="xxx">
          <p class="title">USTREAM ココスタ☆チャンネル</p>
          <p><span>毎週月曜 23:00~24:00( 変則あり ) 歌とトーク満載のリアルタイム動画を生放送！</span>※放送時間変更の場合、blog や Twitter、Facebook などでお知らせしています。</p>
        </a>
      <!-- ust --></article>
      <article class="podcast">
        <a href="xxx">
          <p class="title">Podcast BIG NUMBERS</p>
          <p>「COCOA」の２人が送る、ゆるゆるなネットラジオです。<span>11月29日号（第67回）今回はみんなの暇つぶし方法！</span></p>
        </a>
      <!-- podcast --></article>
      <p class="futakami"><img src="img/module/img_singer01_01.png" height="121" width="52" alt=""></p>
      <p class="suzuki"><img src="img/module/img_singer01_02.png" height="121" width="65" alt=""></p>
    <!-- blkRootTop_related --></aside>

    <footer id="footer">
      <ul>
        <li><a href="xxx"> お問い合わせ </a></li>
        <li><a href="xxx"> プライバシーポリシー </a></li>
      </ul>
      <small>Copyright &copy; 2012 COCOA All Rights Reserved.</small>
    <!-- footer --></footer>

<!-- main --></div>

<aside id="cocoaCheck">
  <p class="title">CCOOA をチェック！</p>
  <ul>
    <li class="twitter"><a href="xxx">twitter</a></li>
    <li class="mail"><a href="xxx"> メルマガ </a></li>
    <li class="youtube"><a href="xxx">YouTube</a></li>
    <li class="facebook"><a href="xxx">facebook</a></li>
    <li class="mixi"><a href="xxx">mixi</a></li>
  </ul>
<!-- cocoaCheck --></aside>
```

HTMLのソースコードを見ると、「header」「footer」「nav」「section」など、HTML 4.01やXHTMLでは見慣れない要素がいくつかあります。これらは、HTML5で新しく追加された要素群です。使用頻度の高いHTML5の要素を紹介しましょう。

●header要素／footer要素

その名の通り、ヘッダーとフッターをマークアップする要素です。サンプルではページの冒頭とコピーライト表記部分をそれぞれマークアップしました。

●nav要素

ナビゲーションをマークアップする要素です。サンプルでは、画面上部に並んだ3つのボタンをマークアップしています。

●article要素

article（記事）という名前の通り、独立した記事をマークアップします。たとえばブログサイトでは投稿したエントリーを区切るときなどに使用します。このサイトではコンテンツ更新情報の1つ1つをマークアップしています。

●section要素

sectionは「区画」などと訳され、一般的にはこれまでdiv要素でマークアップしていた要素に置き換わります。ただし仕様書では「単なるスタイルを整えるためのマークアップなどにはdiv要素を使うように」とされており、div要素とは使い分ける必要があります。1つの考え方として「section要素の先頭に見出しが立つかどうか」が判断の基準になります。

●aside要素

文章の主題とは直接関係がない、補足的な情報を表す要素です。サンプルではブログの更新情報、フッターのソーシャルボタンをマークアップしました。

マークアップしたHTMLを実際にiPhoneで表示し、各要素との対応を示したのが図❸です。スタイルをまだ適用していないので、画像や文字が並んだ

だけの状態です。

　ここからCSSを適用してページの見た目を仕上げていきましょう。

図❸
基本的なHTMLのマークアップが完了した状態

3-2 新機能を活用して美しく見せよう
CSS3でスマホサイトをスタイリング

[3-1]で作成したHTMLにCSSで装飾を施していきましょう。スマートフォンサイトではCSS3の新機能を活用することでページを美しく、効率的にデザインできます。

基本のスタイルを整える

マークアップしたHTML要素に対してCSSでスタイルを整えていきます。新しいCSSファイルを作成してHTMLからリンクします。

```
<link type="text/css" rel="stylesheet" href="css/style.css">
```

このCSSファイルの中にスタイルを記述していきましょう。bodyやa要素などの基本的なスタイルを整えると**サンプル❶**のようになります（**図❶**）。

サンプル❶ chap03/02/01/

```css
body {
  color: #40433d;
  font-size: 81.3%;
}
a:link, a:visited {
  color: #40433d;
}
a:hover, a:active {
  color: #40433d;
}
```

図❶ 基本的なスタイルを適用したところ

第3章 [制作編]

要素のコーナーを丸くする

基本的なスタイリングができたら、見出しやボタンなどの装飾をCSS3で施します。まずは、ニュースの部分を角丸にしてみましょう（図❷）。

図❷ ニュース部分の枠を角丸にする

サンプル❷
chap03/02/02/

```css
.modBox01 {
  border-radius: 5px;
  -moz-border-radius: 5px;
  -webkit-border-radius: 5px;
  font-size: 84.6%;
  background: #fff;
  margin: 0 10px;
  border: 1px solid #ddd;
}
.modBox01 article {
  margin: 10px;
}
.modBox01 .inner {
  display: none;
}
.modBox01 .time {
  float: left;
  color: #cb778e;
  font-weight: bold;
  margin-right: 10px;
}
.modBox01 .text {
  overflow: hidden;
}
.modBox01 .btn {
  border-bottom-left-radius: 5px;
  border-bottom-right-radius: 5px;
  -webkit-border-bottom-left-radius: 5px;
  -webkit-border-bottom-right-radius: 5px;
  -moz-border-radius-bottomleft: 5px;
  -moz-border-radius-bottomright: 5px;
```

```css
  border-top: 1px solid #ddd;
  background: #f8f8f8;
  text-align: center;
  padding: 7px 0;
}
.modBox01 .btn span {
  background: url('/img/sprite-se874e0fb7e.png') 0 -486px no-repeat;
  display: block;
  height: 11px;
  width: 72px;
  -webkit-background-size: 199px auto;
  background-size: 199px auto;
  white-space: nowrap;
  overflow: hidden;
  text-indent: 100%;
  margin: 0 auto;
}
```

ここでは、CSS3で追加されたプロパティ「border-radius」を詳しく解説します。CSSの基本的な記述については他の入門書を参照してください。

border-radiusは要素の角を丸めるプロパティで、値には角に内接する円の半径を設定します（図❸）。

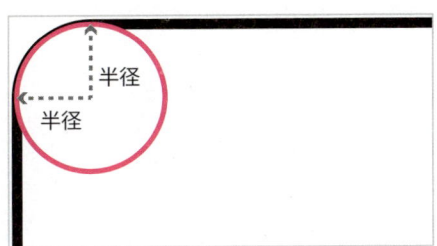

図❸
border-radiusの値は円の半径を設定する

●border-radius:値;
4隅の円の半径に同じ値を指定します。

●border-radius:値 値 値 値;
左上、右上、右下、左下の順番で、それぞれの半径の値を設定します。

●border-radius:値 値 値 値 / 値 値 値 値;
水平方向の半径の値を左上、右上、右下、左下の順番で指定し、スラッシュ区切りで、垂直方向の半径の値を左上、右上、右下、左下の順番で設定します。

実際の使い方を簡単なサンプルで紹介します。次のような HTML を準備します。

サンプル❸
chap03/02/03/

```html
<!doctype html>
<html lang="ja">
<head>
  <meta charset="UTF-8">
  <title>border-radius</title>
  <style>
    #box1 {
      padding: 10px;
      width: 100px;
      background-color: #ccc;
    }
  </style>
</head>
<body>
  <div id="box1">
    <p>box1</p>
  </div>
</body>
</html>
```

この HTML をブラウザーで開くと、図❹のように表示されます。

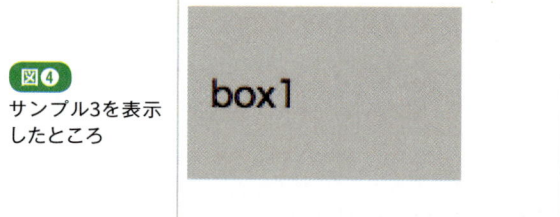

図❹
サンプル3を表示したところ

HTML 内にある「#box1」の CSS に次のコードを追加してみましょう。図❺のような角丸の領域ができあがります。

サンプル❹
chap03/02/04/

```css
#box1 {
  padding: 10px;
  width: 100px;
  background-color: #ccc;
  border-radius: 8px;
}
```

図❺
角丸で表示される

続いて、border-radiusの値を次のように変更してみましょう。角の左上だけが、丸くなりました（図❻）。

```css
border-radius: 8px 0 0 0;
```

サンプル❺
chap03/02/05/

図❻
角丸の左上が丸くなる

今度は次のように変更します。すると、図❼のような不思議な角丸になります。右下の角を、水平方向の半径8px、垂直方向の半径80pxの円に丸めています。

```css
border-radius: 0 0 8px 0 / 0 0 80px 0;
```

サンプル❻
chap03/02/06/

図❼
角丸の右下が丸くなる。この時、丸みの比率が異なっている

このように、border-radiusはさまざまな値を組み合わせることで、複雑な形状も表現ができます。

部分ごとの指定プロパティ

「border-radius」は、次のように部分ごとに指定するプロパティもあります。

```
border-top-left-radius:値;
border-top-right-radius:値;
border-bottom-left-radius:値;
border-bottom-right-radius:値;
```

たとえば、次のように記述すると、右上だけが角丸になります（図❽）。

サンプル❼
chap03/02/07/

```
border-top-right-radius: 8px;
```
CSS

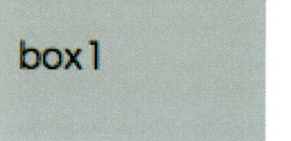

図❽
border-top-right-radiusプロパティは、右上だけを角丸にできる

ベンダープリフィックスとは

　CSS3には、iPhone OS 3.2以前のSafariなど、古い環境では実装されていないプロパティもあります。ただし、ブラウザーによっては仕様が固まる前に先行して独自に実装している場合があり、正式な仕様が固まったあとに混乱しないように特殊なプロパティ名が付加されます。

　たとえば、iPhone OS 3.2に搭載されているSafariは、border-radiusプロパティに代わる先行実装プロパティとして、「-webkit-border-radius」を実装しています。「-webkit」の部分を**「ベンダープリフィックス」**と呼び、SafariやChromeなどのWebKitブラウザーの場合は、「-webkit」というベンダープリフィックスが付加されています。その他、Webブラウザーごとに**表❶**のようなベンダープリフィックスが準備されています。

WebKit系（Chrome、Safari、Androidブラウザ）	webkit
Mozilla系（Firefox）	moz
Internet Explorer	ms
Opera	o

表❶ 主なブラウザーのベンダープリフィックス

ただし、すべてのプロパティを各ブラウザーが先行実装しているわけではありません。たとえば、`border-radius`プロパティは、WebKit系とMozilla系が実装しています。

正式なプロパティを実装していない古いWebブラウザーをサポートするためには、これらの先行実装プロパティを併記する必要があります。

```
border-radius: 8px;
-webkit-border-radius: 8px;
-moz-border-radius: 8px;
```

先行実装プロパティでは、正式なプロパティと表記の方法が異なる場合があります。たとえば、前に紹介した「`border-top-left-radius`」の場合、WebKit系ではベンダープリフィックスをつけるだけです。

```
-webkit-border-top-left-radius: 8px;
```

一方、Mozilla系の場合は以下のように記述が少し異なります。

```
-moz-border-radius-topleft: 8px;
```

テキストにドロップシャドウを適用する

続いて、新着情報のリスト部分をスタイリングしていきます（図❾）。ここではリスト部分のスタイル全文は掲載していないため、必要に応じてサンプルファイルをダウンロードして参照してください。

図❾
新着情報のリストをスタイリングする

サンプル❽
chap03/02/08/

```css
.modBoxList01 .live .detail .time {
  font-size: 115.4%;
  font-weight: bold;
  color: #67b9f3;
  text-decoration: none;
  text-shadow: 1px 1px 1px rgba(0, 0, 0, .3);
}
```

　ここでは、日付のテキストにドロップシャドウをかけ、立体感を表現しています。CSS3では「text-shadow」プロパティを使ってテキストに影を付けられます。text-shadowプロパティにはベンダープリフィックス付きのプロパティはありません。次のように記述します。

```
text-shadow: 1px 1px 1px rgba(0, 0, 0, .3);
```

　各値の意味は次の通りです。

```
text-shadow: 横位置 縦位置 ぼかし 色;
```

　色の値は、CSSで利用される16進標記のカラーコード（#fffなど）や、カラーネーム（redなど）、10進数で記述するrgb(R, G, B)のほか、CSS3で追加された「rgba」という方法で指定できます。

半透明を表現する rgba

　rgbaは、rgbと同様に、Red、Green、Blueを10進数で指定した後、alpha（透明度）を0から1の間で設定します。たとえば、次の記述があります。

```
rgba(0, 0, 0, .3);
```

　これは、黒をベースにして透明度を30%に設定しています。透明度を設定すると、特に背景が複雑な画像の場合にリアルな表現ができます。

CSSスプライトによるパーツの配置

　画像を使ったボタンやアイコンなどは、「CSSスプライト」と呼ばれるテクニックで配置していきます。CSSスプライトは、複数の画像を1枚にまとめて読み込むことで、画像の読み込みにかかる時間を短縮するテクニックです。

たとえば、Amazonのトップページでは、図⑩のようにさまざまな画像パーツが使われています。これらは図⑪のように1つにまとめた画像ファイル（スプライト画像）を利用しています。

図⑩ Amazonのトップページ　　図⑪ Amazonで利用しているスプライト画像。1枚にまとまっている

画像を1つ1つファイルとしてダウンロードすると、それだけ読み込み処理に時間がかかってしまいます。1つのファイルにまとめることで読み込み回数を減らし、全体の処理速度を早くできます。

1枚にまとめた画像はbackgorundプロパティで読み込み、幅と高さ設定してbackground-positionプロパティを使って位置を調整します。COCOAのサイトでは、図⑫の画像を利用します。

たとえば、図⑬の「Contact」ボタンのCSSは次のようになります。

図⑬ COCOAのContactボタン

図⑫ COCOAのスプライト画像

```css
#header p {
    background: url('/img/sprite-se874e0fb7e.png') 0 -446px no-repeat;
```

サンプル⑨
chap03/02/09/

```css
    display: block;
    height: 25px;
    width: 99px;
    -webkit-background-size: 199px auto;
    background-size: 199px auto;
    white-space: nowrap;
    overflow: hidden;
    text-indent: 100%;
    float: right;
}
```

　widthとheightで表示領域のサイズを定めた要素に、backgroundプロパティでスプライト画像を指読み込み、垂直方向の位置を「-446px」にずらしています。これで、「Contact」ボタンが表示されるというわけです。

　こうして、各パーツを作っていきます。

もっと知りたい！❸

HTML5/CSS3を学ぶ

　[3-1][3-2]ではHTML5/CSS3を使ってスマートフォンサイトをマークアップしました。HTML5やCSS3についてもう少し詳しく学習しましょう。

HTML5とは

　HTML5は、HTML4の後継にあたるHTML規格で、それまで一般的に利用されていたXHTMLにも代わって利用されています。
　XHTMLでは、「タグは必ず閉じタグとセットで記述する」「属性値は必ずダブルクオーテーションで囲む」などの厳格なマークアップルールがありましたが、HTML5ではHTML 4.01以前のように閉じタグの省略が認められるなど、かなり緩やかなルールになっています。
　一方で、さまざまな新機能が追加されており、高機能で表現豊かなWebサイトやWebアプリケーションを制作できます。

新しい要素の追加

　本文でも紹介した通り、HTML5では新しいタグ要素が増えています。HTML5にはヘッダーやフッター部分を表す「header」「footer」、ナビゲーション部分を表す「nav」、まとまったコンテンツを表す「section」など、単体でしっかりとした意味付けがされている要素が追加されており、マークアップしやすくなっています。

高機能な要素の追加

　追加された新要素の中には、従来のHTMLでは実現できなかった高機能な要素が含まれています。たとえばcanvas要素は、JavaScriptと組み合わせることで領域内に図を描画したり、写真などを動的に配置したりできます。また、videoやaudio要素では、これまでFlash Playerなどのプラグインソフトに頼っていたリッチメディアの再生を、Webブラウザー単体で実現できます。

イベントの追加

　最近のWebサイト、特にアプリケーション的な用途では、マウスでの「ドラッグ＆ドロップ」や、データが自動的に送信される「プッシュ通知」などの機能が必要になるシーンが増えています。これまでは、JavaScriptを駆使して擬似的に再現してきましたが、HTML5にはこれらの「イベント」が標準で備わっており、Webブラウザーの機能に

JavaScriptなどでアクセスすることで高機能なWebサイトを制作できます。

今後が期待される新規格

　HTML5は現在も策定中の段階であり、スマートフォンの各ブラウザーでもまだまだ利用できない機能が多々あります。また、video要素で利用できるビデオの形式が乱立しているなど、いまだ不安定な部分もあります。今後、Webブラウザーの機能が向上するにつれて、HTML5でできることは増えていくことでしょう。

CSS3とは

　CSS3は、現在、一般的に利用されている「CSS 2.1」の次期バージョンです。次のような面で機能が追加・向上されています。

セレクターの追加

　これまでのCSSでは、スタイルを適用する要素を特定する時に、次のような方法で特定していました。

```
タグ – div
id属性 – div#area1
class属性 – div.class1
```

　このために、HTMLマークアップのときに大量のid属性やclass属性が必要でした。CSS3ではさまざまな条件で要素を絞り込めるセレクターが追加されているので、うまく使うことで柔軟に要素を指定できます。
　たとえば、次のセレクターを見てみましょう。

```
div[id^="column"]
```

　このセレクターでは「id属性が"column"から始まる要素」を指定ができます。これまでは、同じクラスをあえて指定するなどしてグループ化していたのが、id属性の命名規則で指定できるのです。
　次のようなセレクターも便利です。

```
div p:last-child
```

　このセレクターは、「あるdiv要素内の複数あるp要素の中で、最後に出現するp要素」を指定できます。このように新しいセレクターを駆使することで、スタイルを適用するためだけに指定してきたclass属性な

どが不要になるというわけです。

表現力の向上

　CSS3の注目したい新機能のもう1つは、表現力の向上です。本文で紹介したように、要素の角丸処理やテキストシャドウなどの処理がCSSのプロパティで手軽に実現できます。
　CSS3で追加されたプロパティで代表的なのが、グラデーションを表現するプロパティです。ちょっとしたボタンをデザインするときなどに重宝するでしょう。

```
linear-gradient( 開始位置と角度 , 開始の色 , 途中の色 , 終了時の色 );
```

　次のようなHTMLを記述すると図❶のようになります。

サンプル❶
chap03/column3/01/

```html
<!doctype html>
<html lang="ja">
<head>
  <meta charset="UTF-8">
  <title>linear-gradient</title>

  <style>
    #box1 {
      padding: 10px;
      width: 100px;
      color: #fff;
      background: #003366;
      background: linear-gradient(to bottom, #42aaff, #003366);
      background: -webkit-linear-gradient(top, #42aaff, #003366);
      background: -moz-linear-gradient(top, #42aaff, #003366);
      background: -o-linear-gradient(top, #42aaff, #003366);
    }
  </style>
</head>
<body>
  <div id="box1">
    <p>box1</p>
  </div>
</body>
</html>
```

図❶
CSS3のグラデ
ーション表現

　2013年1月現在、WebKit系のブラウザーではベンダープリフィック
スが必須です。Firefox、Operaも過去のバージョンを考慮してプリフ
ィックス付きで記述しています。また、グラデーションに対応していな
い古いWebブラウザーの場合、文字色が白だと読みにくくなってしま
うので、単色の背景色も設定しましょう。
　グラデーションの色の指定には、複数色を使った複雑なグラデーショ
ンも表現できます。次のように、色の値の後ろに、「どこで色を止めるか」
を表す記述を付けると、図❷のような立体感のあるボタンも表現できま
す。

サンプル❷
chap03/column3/02/

```css
background: linear-gradient(to bottom,
    #dbdbdb 0%,
    #949494 50%,
    #4f4f4f 50%,
    #999999 65%,
    #d4d4d4);
background: -webkit-linear-gradient(top,
    #dbdbdb 0%,
    #949494 50%,
    #4f4f4f 50%,
    #999999 65%,
    #d4d4d4);
background: -moz-linear-gradient(top,
    #dbdbdb 0%,
    #949494 50%,
    #4f4f4f 50%,
```

```
        #999999 65%,
        #d4d4d4);
background: -o-linear-gradient(top,
        #dbdbdb 0%,
        #949494 50%,
        #4f4f4f 50%,
        #999999 65%,
        #d4d4d4);
```

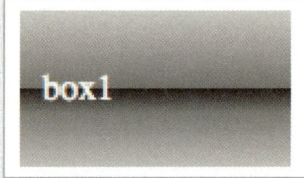

図❷
CSS3で表現した立体感のあるボタン

　円形のグラデーションを表現する「radial-gradient」プロパティもあります。次のような書式で記述します。

```
radial-gradient( 開始位置と角度 , 形状 , 開始色 , 途中色 , 終了色 );
```

「形状」には「circle」(円)または、「ellipse」(楕円)を指定できます。前のlinear-gradientと同様に途中色も指定できます。

```
background: -webkit-radial-gradient(top left, circle, #1a82f7,
#284367);
background: -moz-radial-gradient(top left, circle, #1a82f7,
#284367);
```

　これらの紹介した機能以外にも、背景画像を複数指定したり、簡易的なアニメーション機能を持たせたりと、表現力は大幅に向上しています。これまで画像やJavaScriptなどに頼っていた処理をCSSに任せることで、ファイル容量を抑え、処理速度を向上できます。

3-3 リンクやアイコンを設定しよう

使いやすさをアップする仕上げの作業

HTML5+CSS3による基本的なマークアップが終わったら、今度は仕上げの作業。使いやすいスマートフォンサイトにするために手を加えていきます。

リンクの設置

リスト部分のHTMLを見ると、次のようになっています。

```html
<a href="xxx">
<p class="title">Live</p>
<div class="detail">
<p class="time">2012.11.22</p>
<p class="name">インストアライブ / プレ葉ウォーインストアライブ / プレ葉ウォーインストアライブ / プレ葉ウォーインストアライブ / プレ葉ウォー </p>
<ul>
<li> 場所：プレ葉ウォーク浜北 </li>
<li> 料金：無料 </li>
</ul>
<p class="shizuoka">Shizuoka</p>
<!-- detail --></div>
</a>
```

　リンクを表すa要素が、div要素などのさまざまな要素を包んでいます。XHTMLでのマークアップでは考えられないマークアップでした。a要素はインライン要素であり、ブロックレベル要素となるdiv要素を中に含めることができなかったのです。

　しかし、HTML5ではそのような要素の分類は廃止されたため、div要素などのブロック単位でもリンクを設定できるようになりました。

　スマートフォンでは、指でタップをするためテキストリンクなどは、非常にタップをしにくい場合があります。そのため、こうして**エリア全体にリンクを設定**することで、操作性を向上することが重要なのです（**図❶**）。

図❶ リンクエリアは、テキスト以外の部分をタップしても反応するようにする

　リンクするテキストにはあえて下線を引くなどするとよいでしょう。下線は、多くのインターネットユーザーにとって「リンクが設定されている場所」と認識されています。さらにCOCOAのサイトでは、右端に三角形のアイコンを表示することでも「先に進むボタン」であることを示しています。

　マウスを利用しないスマートフォンの場合、一目見ただけでそれが「タップできる場所」であると分かるように示すことが非常に重要です。立体感を付けたり、決められたアイコンを配置したりと、自分なりのルールを定めておきましょう。

ホーム画面用のアイコンを作る

　ここまでの作業でサイトに必要な要素が一通り完成しました。あとは公開するだけですが、せっかく作ったサイトですから、なるべく多くのユーザーに見てもらい、ブックマークへ登録してもらいたいものです。

　iPhone/Androidでは、Webサイトを**ホーム画面に登録**できます。ホーム画面に登録すると、ブックマーク以上に気軽にアクセスできるので便利です。ホーム画面のアイコンは、特に指定しない場合、サイトのスクリーンショットになります（図❷）。

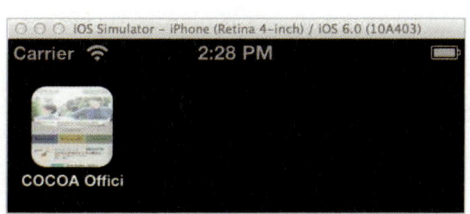

図❷ ホーム画面へWebサイトを登録するとデフォルトではサイトのスクリーンショットになる

これでは見栄えがしませんが、Webサイトのオリジナルの「WebClip アイコン」というアイコン画像を用意すると、ホーム画面に登録したときに表示されるようになります。

WebClipアイコンは、PNGフォーマットで用意します（図❸）。

図❸ 作成したアイコン画像

WebClipアイコンを各デバイスの解像度に合わせて、次の大きさで生成します。

57×57px - Retina非対応 iPhone/iPod touch
72×72px - Retina非対応 iPad/iPad mini
114×114px - Retina iPhone/iPod touch
144×144px - Retina iPad

用意したアイコンをWebサーバーにアップロードして、アイコンを使用したいHTMLのmeta要素にPNGファイルのURLを指定します。

```
<link rel="apple-touch-icon" sizes="57x57" href="57x57.png">
<link rel="apple-touch-icon" sizes="114x114" href="114x114.png">
<link rel="apple-touch-icon" sizes="72x72" href="72x72.png">
<link rel="apple-touch-icon" sizes="144x144" href="144x144.png">
```

これでWebClipアイコンが設定できました。WebサイトをiPhone/iPodなどのホーム画面に登録するとアプリのアイコンと同じように表示されます。Androidの場合は、使っているホームアプリによって、ホームアイコンが表示されたり、PCと同様の`favicon.ico`ファイルが利用されたり、共通のアイコンが使われたりと、ばらばらです。

なお、iPhoneの場合、角丸や光沢といった処理はiPhone側で自動的に適用されるので、アイコン画像では特に必要ありません。逆にアイコンのデザインに光沢が合わない場合など、処理が不要な場合はmeta要素を次のように書き換えると光沢と角丸処理が適用されず、**元のアイコン画像のまま**[*1]表示されます（図❹）。

[*1] Androidではどちらの記述でも光沢なし・角丸処理ありでアイコンが表示されます

```html
<link rel="apple-touch-icon-precomposed" sizes="57x57" href="57x57.png">
<link rel="apple-touch-icon-precomposed" sizes="114x114" href="114x114.png">
<link rel="apple-touch-icon-precomposed" sizes="72x72" href="72x72.png">
<link rel="apple-touch-icon-precomposed" sizes="144x144" href="144x144.png">
```

図❹
ホーム画面に登録した
WebClipアイコン。左
はiPhoneの自動処理を
適用。右は元画像のまま
表示したもの

もっと知りたい！❹

URLリンクのいろいろな方法

　iPhone/Androidには通常のリンクの他にも、関連アプリを起動させるリンク機能があります。それぞれの使い方を紹介しましょう。

電話番号にリンクを設定する

　スマートフォンの場合、電話機能を搭載しているため、電話番号からそのまま問い合わせができます。[2-2]で説明した通り、iOSでは数字とハイフン記号の組み合わせは、自動的に電話番号と判断され、リンクが設置されます。
　しかし、この機能は電話番号以外の文字列（書籍のISBN番号）なども電話番号と判断してしまいます。Androidでは利用できないことでもあり、機能を無効にして改めてリンクを張った方がよいでしょう。

電話番号リンクを手動で作成する

　自動リンクを無効にするには、head要素にmeta要素を1つ追加します。

```html
<meta name="format-detection" content="telephone=no">
```
HTML

電話番号を記載する箇所には次のようなリンクを設置します。

```html
<h2> お問い合わせ先 </h2>
<p>03-1234-5678  <a class="btn" href="tel:0312345678"> 電話をかける </a></p>
```
HTML

　これで電話番号をタップすると電話をかけられるようになります。このとき、電話番号自体にリンクを張ると図❶のようになります。

図❶
電話番号リンクを
設定したところ

お問い合わせ先
03-1234-5678

　文字列のリンクはタップしにくいうえに、文字列をタップすることで何が起こるのか、直感的に分かりにくい問題もあります。また、最近では「Skype」や「050plus」といった通話料を安く済ませる電話アプリが登場しており、これらを使って電話をかけるユーザーもいます。その場合

は、電話番号をコピーして電話アプリにコピーすることになりますが、リンクが張られた文字列は範囲選択やコピーがしにくくなります。

　これらのような理由から、文字列には直接リンクを張らずに、CSS3を使ってブロック化し、ボタン風に見せた方が親切です（図❷）。

図❷
電話番号はCSS3を使ってボタンにするとよい

地図リンクを作る

　スマートフォンには、地図アプリが搭載されており、内蔵されたGPS機能と組み合わせると、非常に便利なナビゲーションシステムになります。日々、乗り換え案内や待ち合わせなどに活用されている方も多いことでしょう。

　地図アプリは、ブラウザーと連携してリンクをすることができます。まず、地図アプリについて整理をしておきましょう。

●iOS 5以前 / Android

　iOS 5以前と、Androidにはグーグルが提供する「Googleマップ」が搭載されています。

●iOS 6以降

　iOS 6以降は、アップルが独自に開発したマップアプリが提供されるようになり、Googleマップは標準搭載されなくなりました（AppStoreから無償ダウンロード可能）。操作性は良いのですが、2013年1月現在は日本国内の地図データが不完全であったり、間違いが多かったりといった問題があり、使いづらい状況です。

●Windows Phone

　マイクロソフトが開発したBingマップが搭載されています。

Googleマップを利用する

　2013年1月現在、地図を大きく表示するにはGoogleマップにリンクを張るのがもっとも手軽です。この場合、スマートフォンであることを特に意識せずに、単純にGoogleマップの共有機能を利用するだけで利用できます。

まず、PCのWebブラウザーでGoogleマップを開きます（maps.google.com）。中心に示したい場所を表示させた状態で、画面左上の共有ボタンをクリックします（図❸）。表示されたURLをコピーし、リンクとして貼り付けましょう。「短縮URL」のチェックボックスにチェックをすれば、短いURLを取得できます。

図❸　Googleマップの「リンク」からURLを取得する

```
<a class="btn" href="http://goo.gl/maps/oYzHO">地図を見る</a>
```

　このようにすれば、それぞれで次のように動作します。

● iOS 5以前 / Android
　Googleマップのアプリに切り替わって、地図が表示されます。

● iOS 6以降 / Windows Phone
　Webブラウザー上で、Googleマップが表示されます。ただし、iOS 6以降の場合は画面の上部にアプリへの切り替えボタンと、ダウンロードのためのリンクが表示されるため（図❹）、アプリをすでに入手しているユーザーはここからアプリに切り替えられます。

図❹
地図アプリへのリンクがヘッダーに表示される

iOS 6以降でGoogleマップアプリに直接リンクする

iOS 5以降で、Googleマップアプリをインストールしている利用者に、直接アプリを開くようにするためには、リンク先の「http」の部分を「googlemaps」に変更して、次のようにします。

```
<a class="btn" href="googlemaps://goo.gl/maps/oYzHO"> 地図を見る </a>
```

しかし、AndroidやWindows Phoneではブラウザーがリンク先を見つけられず、エラーページが表示されてしまうため、あまり実用的ではありません。

iOS 6の標準マップを利用する

iOS 6以降に搭載された標準マップアプリを起動するには、「maps.apple.com」というURLに位置情報を付加してリンクを張ります。たとえば、次のリンクの場合は東京都の新宿駅のマップが表示されます。

```
<a href="http://maps.apple.com/?ll=35.690735,139.699827" class="btn"> 地図を見る </a>
```

指定できるパラメータは、「**Apple URL Scheme Reference**」[*1]で説明されています（英語）。

この方法は、iOS 6以外の環境の場合、Googleマップに転送されて表示されるメリットがあります。将来、iOS 6の標準マップが一般的に使われるようになることを考えると、互換性を考慮してこのURLを利用するのがもっともよい方法です。

[*1] http://developer.apple.com/library/ios/#featuredarticles/iPhoneURLScheme_Reference/Articles/MapLinks.html#//apple_ref/doc/uid/TP40007894-SW1

メールを送信する

メールソフトとの連携は、これまでのPC向けサイト・携帯向けサイトと同様に「mailto」リンクを用います。次のようなリンクを設置すれば、メールソフトを起動できます。

```
<a href="mailto:support@h2o-space.com" class="btn"> メールを送る </a>
```

次のようにパラメーターを加えると、メールのサブジェクトをあらかじめ埋め込むこともできます。

```
<a href="mailto:【メールアドレス】?subject=【サブジェクト】">...</a>
```

ただし、内容に日本語が含まれる場合はURLエンコーディングが必要です。簡単に変換できるソフトやオンラインツールが多数ありますので「URLエンコーディング」などのキーワードで検索して好みのツールを使いましょう。

たとえば以下のような宛先、サブジェクトのメールを送りたいとします。

宛先：support@h2o-space.com
サブジェクト：お問い合わせ

この場合、それぞれの要素をURLエンコーディングして、次のようなリンクを設定します。

```html
<a href="mailto:support@h2o-space.com?subject=%e3%81%8a%e5%95%8f%e3%81%84%e5%90%88%e3%82%8f%e3%81%9b" class="btn">メールを送る</a>
```

映像（YouTube）

スマートフォンで映像を見せたい場合、もっとも手軽なのはYouTubeを利用することです。YouTubeに映像をアップロードして公開したら、その映像のページへリンクを張ります。

```html
<a href="http://www.youtube.com/watch?v=glM3ScTR16k&feature=share&list=PLh6V6_7fbbo-qVjiM5m1WAAjEqOc8wPRq" class="btn">YouTube</a>
```

これにより、iOS 5以前のiPhoneと、Androidの場合は内蔵されているYouTubeアプリによって映像が再生されます。それ以外の場合は、YouTubeのWebサイトにアクセスし、映像が再生されます。

iOS 6以降の場合、ユーザーがYouTubeのアプリをインストールしている場合は、アプリが自動的に起動します。

また、YouTubeの「埋め込みコード」で取得できるコードをページ内に埋め込むとサムネイルが表示され、再生ボタン（サムネイルの中心にある三角形の再生マーク）をタップすると再生されます。

ただし、Androidはその場で再生されますが（インライン再生）、iOSでは全画面表示になって再生され、インライン再生はサポートされていません（図❺）。本文で補足をしながら映像を見せるといった演出は、iOSではできません。

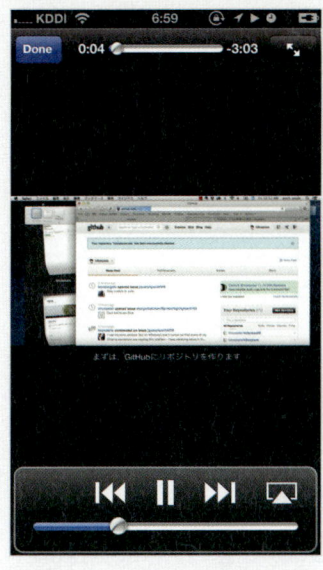

図❺
iOSでは全画面で動画が再生される

映像（サーバーにホスティング）

　YouTubeではなく自社やクライアント（お客様）のサーバーに置いた映像に直接リンクを張りたい場合もあるでしょう。たとえば、iPhone 4以降は**表❶**の動画コーデックに対応しており、.mov/.mp4/.m4v/.3gp形式のムービーを再生できます。

コーデック	解像度／フレームレートなど
MPEG-4 AVC/H.264	1280×720ドット、毎秒30フレーム
MPEG-4	640×480ドット、毎秒30フレーム
Motion JPEG	1280×720ドット、毎秒30フレーム

表❶　iPhone 4以降で再生できる動画形式

　Androidではアプリをインストールするとaviファイルやwmvファイルなども再生できますが、iPhone/Androidともに標準の状態で再生するには、.mp4か.m4v形式を採用します。また、携帯電話でよく使われている.3gp形式も再生できるので、携帯電話で撮影した動画を掲載したい場合は.3gpを採用してもよいでしょう。

　映像の再生はファイルをWebサーバーにアップロードし、直接リンクを張るだけです。iPhone/Androidともにプレイヤーアプリが自動的に起動し、映像の再生が始まります。

```
<a href="movie.mp4" class="btn">ムービーを再生する</a>
```

[iPhone] App Store

自作のアプリを紹介する場合など、App Storeにリンクしたいときは少し特殊な手続きが必要です。「**iTunes Link Maker**」[*2]にアクセスします（図❻）。

*2
http://itunes.apple.com/linkmaker?lang=9&country=JP

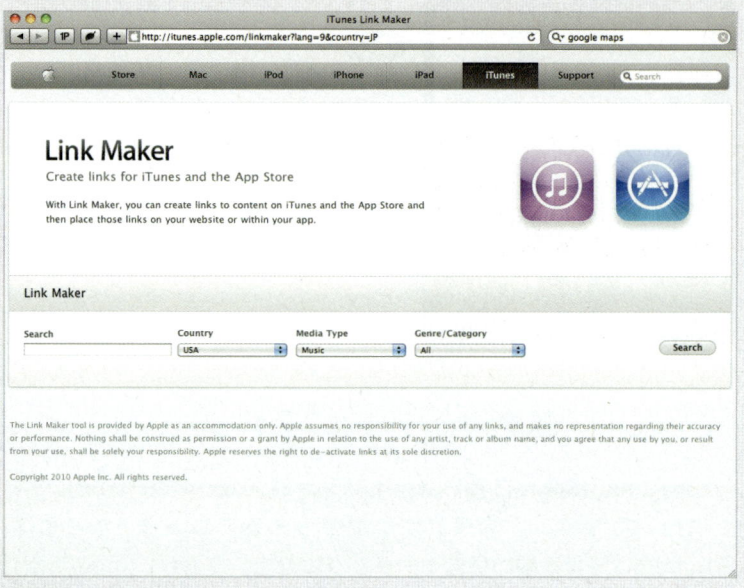

図❻ iTunes Link Makerにアクセスする

ここで希望のアプリを探し出してURLを取得し、次のようなリンクを張ります（図❼）。

```
<a href="http://itunes.apple.com/jp/app/weekly-asciiplus-for-
iphone/id388627625?mt=8&uo=4" target="itunes_store"
class="btn">Weekly ASCII PLUS for iPhone - ASCII MEDIAWORKS
Inc.</a>>
```

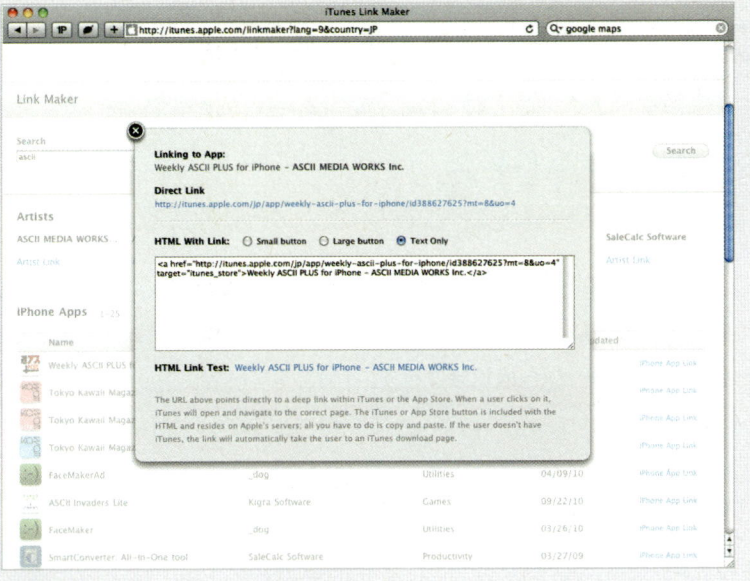

図❼ 専用のURLを含むリンクが生成されるのでコピー&ペーストでリンクを張る

　なお、App StoreへのリンクをAndroid端末で開くとPCからアクセスされたとみなされ、iTunesのダウンロードページが表示されます。注意書きを記載するか、**ユーザーエージェント**[*3]の切り替えによってリンクを表示させないなど工夫しましょう。

*3
ユーザーエージェント
📖 131ページ

[Android] Google Play

　Android向けのアプリを紹介する場合は「play.google.com」へリンクをします。先にGoogle Play（https://play.google.com/store）にアクセスし、目的のアプリを探してURLをコピーしてリンクしましょう。

```
<a href="https://play.google.com/store/apps/details?id=...">
アプリをダウンロードする </a>
```

3-4 サイト公開前の最後の仕掛け
PCとスマートフォンサイトを振り分ける

　第2章から制作してきたアーティストのスマートフォンサイトもついに完成です。最後に、JavaScriptを使ってPCとスマートフォンサイトを判別し、それぞれのページへ振り分けます。

PCサイトからスマートフォンサイトへの誘導

　いよいよスマートフォンサイトの公開です。COCOAのサイトでは、スマートフォンサイト用に「touch」というディレクトリを作りました。

- PC向けサイト
  http://cocoa-music.com/
- スマートフォンサイト
  http://cocoa-music.com/touch

　作成したHTMLファイル類をWebサーバーにアップロードすると公開され、サイトとしては一応完成です。ただ、スマートフォンサイトのURLをユーザーに入力してもらうのは現実的ではありませんし、検索エンジンから訪れたユーザーにスマートフォンサイトの存在を伝えられません。
　そこで、スマートフォンからPCサイトにアクセスしたときには自動的にスマートフォンサイトへ振り分けるようにしましょう。
　スマートフォンからのアクセスを判別して専用サイトに振り分けるには、JavaScriptやPHPなどのプログラム言語か、Webサーバーの設定を利用します。ここではもっとも手軽なJavaScriptを使って振り分ける方法を紹介します。

ユーザーエージェントとは

　端末の振り分けのときに利用するのが、**「ユーザーエージェント(User Agent)」**と呼ばれる情報です。ユーザーエージェントとはWebブラウザーや検索エンジンのクローラーといったWebサイトへアクセスするプログラムのことですが、Web制作では一般的に「WebブラウザーがHTTP通信時にサーバーへ送信する固有の文字列情報」を指します。たとえば、iOS 6を搭載したiPhoneのSafariが持っている、ユーザーエージェントは次のような文字列になっています。

```
Mozilla/5.0 (iPhone; CPU iPhone OS 6_0_2 like Mac OS X)
AppleWebKit/536.26 (KHTML, like Gecko) Version/6.0
Mobile/10A551 Safari/8536.25
```

　ユーザーエージェント文字列にはOSやブラウザーの名称、バージョンといった情報が含まれているので、ユーザーエージェントを見るとユーザーがどんな環境からアクセスしているかが分かります。
　Android端末の「ブラウザ」のユーザーエージェント文字列は次のようになります（以下はGalaxy Noteの例）。

```
Mozilla/5.0 (Linux; U; Android 4.0.4; en-us; SC-05D Build/
IMM76D) AppleWebKit/534.30 (KHTML, like Gecko) Version/4.0
Mobile Safari/534.30
```

　Windows Phoneの場合は、次のようになります（IS12Tの例）。

```
Mozilla/5.0 (compatible; MSIE 9.0; Windows Phone OS 7.5;
Trident/5.0; IEMobile/9.0; FujitsuToshibaMobileCommun;
IS12T; KDDI)
```

　これらのユーザーエージェント文字列を利用して、スマートフォンからのアクセスを判断します。たとえば、iPhoneには必ず**「iPhone」**というキーワードが含まれていますし、Androidはメーカーや端末が異なっていても

「Android」というキーワードが、Windows Phoneには「Windows Phone OS」が含まれています。また、iPod touchには「iPod」というキーワードが含まれます。

ただし、ここで注意しなければならないのは「例外」の排除です。たとえば、iPadの初代のモデルの場合、ユーザーエージェント内の文字列に「iPhone OS」というキーワードが含まれていて、「iPhone」が含まれてしまっています。

また、Androidは、タブレット端末にも「Android」が含まれます。ただ、タブレット端末には「Mobile」というキーワードが含まれていないので、これを利用して「Androidスマートフォン」と「Androidタブレット」を見分けられます。まとめると、次のようになります。

● **iPhone / iPod touch**

ユーザーエージェントに「iPhone」が含まれており、なおかつ「iPad」が含まれていない。または「iPod」が含まれている

● **Androidスマートフォン**

ユーザーエージェントに「Android」及び「Mobile」が含まれている

● **Windows Phone**

ユーザーエージェントに「Windows Phone」が含まれている

これらの情報を利用して、振り分けていきましょう。

JavaScriptを利用する

ユーザーエージェント文字列の取得方法はプログラム言語によって異なりますが、JavaScriptでは次の方法で取得できます。

```
navigator.userAgent
```

取得したユーザーエージェント文字列に「iPhone」や「Android」といったキーワードが含まれているかはindexOf()というメソッドで判断します。具体的なプログラムは**サンプル❶**です。本書ではJavaScriptの詳しい文法は紹介しませんので、必要に応じて入門書などを参照してください。

このスクリプトをPCサイトのHTMLに組み込むと、iPhone/Androidから

のアクセスをスマートフォンサイトへ振り分けられます。

サンプル❶
chap03/04/01/

```javascript
// スマートフォンの場合は振り分けをする
if ((navigator.userAgent.indexOf('iPhone') > 0 && navigator.
userAgent.indexOf('iPad') == -1) || navigator.userAgent.
indexOf('iPod') > 0 || (navigator.userAgent.indexOf('Android') > 0
&& navigator.userAgent.indexOf('Mobile') > 0) || navigator.userAgent.
indexOf('Windows Phone')) {
  if(confirm(' スマートフォン用のサイトがあります。移動しますか？')) {
    location.href = 'http://cocoa-music.com/touch';
  }
}
```

　プログラムを少しずつ分解して見ていきましょう。まず、ユーザーエージェントがiPhoneかどうかは次のようなプログラムで調べられます。

```
if (navigator.userAgent.indexOf('iPhone') > 0)...
```

　indexOf()メソッドは、指定したキーワードを発見すると文字列中の位置を、発見できなければ「-1」の数値を返します。そのため、値が「0より上」であればキーワードが発見できた（＝iPhoneからのアクセス）と分かります。
　同様に、Androidかどうかは次のようにして調べられます。

```
if (navigator.userAgent.indexOf('Android') > 0)...
```

「iPhoneまたはAndroid」と判断したい場合は、「||（または）」という記号で2つの判断をつなげます。

```
if (navigator.userAgent.indexOf('iPhone') > 0 || navigator.userAgent.
indexOf('Android') > 0)...
```

iPod touchの場合も含めると次のようになります。

```
if (navigator.userAgent.indexOf('iPhone') > 0 || navigator.userAgent.
indexOf('Android') > 0 || navigator.userAgent.indexOf('iPod') > 0)...
```

　続いて、iPad向けの記述を追加します。iPadからのアクセスの場合はスマートフォンサイトではなくPCサイトを表示するため、スマートフォンと判断しないように次の記述を追加します。

```
if ((navigator.userAgent.indexOf('iPhone') > 0 && navigator.userAgent.
indexOf('iPad') == -1) ...
```

少し複雑ですが、indexOf('iPad')メソッドが-1の場合、つまりユーザーエージェント文字列の中に「iPad」が見つからなかった場合の条件を加えることで、「iPhoneというキーワードが含まれており、かつiPadというキーワードが含まれていない場合」という条件文になります。

同じく、Androidの場合は「Mobile」が含まれているかも加えます。

```
(navigator.userAgent.indexOf('Android') > 0 && navigator.userAgent.
indexOf('Mobile') > 0)...
```

最後に、Windows Phoneの判断を加えれば、全体の条件が整います。

```
if ((navigator.userAgent.indexOf('iPhone') > 0 && navigator.
userAgent.indexOf('iPad') == -1) || navigator.userAgent.
indexOf('iPod') > 0 || (navigator.userAgent.indexOf('Android') > 0
&& navigator.userAgent.indexOf('Mobile') > 0) || navigator.userAgent.
indexOf('Windows Phone')) {
```

続いて、スマートフォンからのアクセスだった場合に実行する処理を作っていきます。

> ### navigator.platformの利用
>
> 　JavaScriptには、navigator.userAgentのほかにnavigator.platformというプラットフォームを表す情報があります。navigator.platformを使うと、iPhoneの場合は「iPhone」、iPadの場合は「iPad」と、振り分けに必要な情報が簡単に取得でき、よりシンプルなプログラムになります。
> 　ただし、navigator.platformでAndroidのプラットフォーム情報を取得するとAndroidであることが特定できない場合があります。AndroidはLinux OSをベースに作られているので、PlatformとしてはLinuxに分類されるためです。そこで、navigator.platformではなくnavigator.userAgentを利用しています。

スマートフォンサイトへ移動する

　スマートフォン向けのサイトに自動的に移動するには、次のようなスクリプトを記述するだけです。

```
location.href = 'http://cocoa-music.com/touch';
```

　ただし、強制的にスマートフォンサイトに移動してしまうと、これまでPCサイトを見慣れたユーザーはおどろいてしまうかもしれませんし、違うサイトに行ってしまったのではないかと誤解する恐れもあります。

　そこで、スマートフォンからのアクセスだった場合には、スマートフォンサイトへ移動してよいか、ユーザーに事前に確認を求めるようにしましょう。

　次のようなプログラムを用意します。

```
if(confirm('COCOA Official Website へようこそ。\n このサイトにはスマート
フォン用のサイトがあります。\n 表示しますか？ ')) {
    location.href = 'http://cocoa-music.com/touch';
}
```

　このプログラムをPCサイトのHTMLに組み込むと、図❶のような確認ダイアログが表示され、「OK」が選択されるとスマートフォンサイトへ移動します。

図❶
スマートフォンからアクセスすると確認のダイアログが表示される

PCサイトとスマートフォンサイトを行き来する

スマートフォンサイトとPCサイトとで別々のコンテンツを表示している場合は、互いに行き来できたほうが便利です。そこで、スマートフォンサイトのページの一番下に図❷のようなリンクを用意し、PCサイトとスマートフォンサイトを移動できるようにします。

```html
<p><a href="http://cocoa-music.com/">PC</a> | スマートフォン </p>
```

図❷ PCサイトとスマートフォンサイトを移動できるようにリンクを用意する

このままだとPCサイトへ移動するたびに確認ダイアログが表示されてしまうので、プログラムを以下のように変更します。

サンプル❷
chap03/04/02/

```javascript
// スマートフォンの場合は振り分けをする
if (document.referrer.indexOf('cocoa-music.com') == -1 && (navigator.userAgent.indexOf('iPhone') > 0 && navigator.userAgent.indexOf('iPad') == -1) || navigator.userAgent.indexOf('iPod') > 0 || (navigator.userAgent.indexOf('Android') > 0 && navigator.userAgent.indexOf('Mobile') > 0) || navigator.userAgent.indexOf('Windows Phone')) {
    if(confirm(' スマートフォン用のサイトがあります。移動しますか？ ')) {
        location.href = 'http://cocoa-music.com/touch';
    }
}
```

変更した部分だけ見てみましょう。

```javascript
if (document.referrer.indexOf('cocoa-music.com') == -1 &&(....)) {...
```

document.referrerは「リファラー情報」と呼ばれ、直前に見ていたページのURLを取得できます。たとえば、今回のスマートフォンサイトを見ていた場合のリファラー情報は次のようになります。

```
http://cocoa-music.com/touch
```

リファラー情報の文字列に「cocoa-music.com」が含まれていた場合はサイト内の遷移と分かるので、確認ダイアログを出さずに処理を終了します。
　これで、スマートフォンサイトとPCサイトを切り替えるたびに確認を求められる煩わしさがなくなります。

PHPでの振り分け

　本文ではJavaScriptを使った振り分けの方法を解説しましたが、そのほかのプログラム言語でも同じ考え方でプログラムを作成できます。たとえばPHPの場合は次のようなプログラムになります。

```php
<?php
$agent = $_SERVER['HTTP_USER_AGENT'];
if ((strpos($agent, 'iPhone') !== false && strpos($agent,'iPad') === false) || strpos($agent, 'iPod') !== false || (strpos($agent, 'Android') !== false && strpos($agent, 'Mobile') !== false) || strpos($agent, 'Windows Phone') !== false) {
?>
<script type="text/javascript">
if(confirm(' スマートフォン用のサイトがあります。移動しますか？'))
{
    location.href = 'http://cocoa-music.com/touch';
}
</script>
<?php
}
?>
```

　利用したいスクリプト言語に合わせて、同じようなプログラムを作成するとよいでしょう。

スマートフォンサイトの完成

　以上で「COCOA」のスマートフォンサイトが完成しました。図❸はサイト全体を縦・横で表示した画面です。ここまでに作成したスマートフォンサイト

サンプル❸
chap03/04/03

[liveサンプル]
go.ascii.jp/?spb01

のHTML/CSSコード全文（**サンプル❸**）は、ダウンロードサイトからダウンロードしてください。

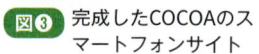 完成したCOCOAのスマートフォンサイト

もっと知りたい！⑤

CSSプリプロセッサーの利用

「何度も同じような記述を書かなければならない」「構造的に書けない」といったCSSの弱点を補う「CSSプリプロセッサー」が注目されています。CSSプリプロセッサーとは、CSSを拡張した言語を使って「ソースファイル」を作成し、それを「コンパイル」することで実際のCSSファイルを作成する技術およびツールのことです。

CSSプリプロセッサーにはさまざまな種類があり、「LESS」「Sass」「Stylus」などがよく利用されています。それぞれ、少しずつ書き方やできることが異なり、好みに合わせて利用します。

COCOAのWebサイトでは、Sassを採用しています。Sassには、次のような特徴があります。

CSSと似たような書式

Sassは、書き方によってさらにいくつかに分類されますが、その中の1つである「Sassy CSS」の場合、従来のCSSとほとんど変わらない方法で記述できます。

変数の利用

CSSでは同じ設定を複数の箇所に適用する場合、たとえばh1要素の文字色とh2要素の背景色を同じ色にしたいときは、同じ指定を繰り返し記述していました。

```css
h1 {
    color: #fcc; }
h2 {
    background-color: #fcc;
 }
```

色を変更したいときには、すべての記述を変更する必要がありますが、Sassを利用すると次のように1箇所にまとめられます。

```scss
$titleColor: #f00;

h1 {
    color: $titleColor;
}
h2 {
    background-color: $titleColor;
}
```

「$」から始まるキーワードを「変数」といい、一時的に設定した内容を保持しておいて、値として指定できます。1カ所で管理することで、書き換え忘れを防げます。

mixinの利用

変数の考え方をさらに広げて、ちょっとしたプロパティの集まりも、1カ所に集められます。たとえば、border-radiusプロパティなどのCSS3で定義されたプロパティは、本文で説明したとおり、「ベンダープリフィックス」を付加する必要があります。

```
#box1 {
    border-radius: 8px;
    -webkit-border-radius: 8px;
    -moz-border-radius: 8px;
    -o-border-radius: 8px;
    -ms-border-radius: 8px;
}
```

この長いコードを毎回記述するのは面倒です。そこで、mixinを定義します。

```
@mixin border-radius-ex($rad) {
    border-radius: $rad;
    -webkit-border-radius: $rad;
    -moz-border-radius: $rad;
    -o-border-radius: $rad;
    -ms-border-radius: $rad;
}
```

定義したmixinは以下のようにして利用できます。

```
#box1 {
    @border-radius-ex('8px');
}
```

「@mixin」から始まる記述で、mixinを定義でき、名称とパラメーターを設定できます。呼び出すときは「@」に続けて、その名称とパラメーターを記述することで、定義された内容が展開されます。このとき、パラメーターも解釈されて展開されるCSSの中に含まれます。

```
#box1 {
    border-radius: 8px;
    -webkit-border-radius: 8px;
    -moz-border-radius: 8px;
```

```
    -o-border-radius: 8px;
    -ms-border-radius: 8px;
}
```

　このほかにも、Sassには計算や条件分岐などさまざまな機能があります。プログラミングの知識がないと最初は戸惑うかもしれませんが、慣れれば非常に管理がしやすいCSSが書けます。

コンパイル環境を整える

　Sassを始めとしたCSSプリプロセッサーで書いたソースコードは、そのままではWebブラウザーが解釈できません。標準のCSSに変換する「コンパイル」という作業が必要になります。コンパイルは、以下のような専用ソフトを使えば手軽です。

●CodeKit（シェアウェア）
http://incident57.com/codekit/
OS X専用のコンパイルソフト。LESS、Sass、Stylusに対応しているほか、さまざまな機能を持ち合わせた高機能なソフトウェアです。

●Scout（フリーウェア）
http://mhs.github.com/scout-app/
Windows/OS X対応のSassコンパイルソフト。

　これらの専用ソフトを利用する以外にも、エディターのプラグインなどを使ってコンパイルする方法もあります。興味があれば専門書などで学習するとよいでしょう。

第4章

［実践編］
サイト制作の
実践テクニック

4-1 レスポンシブWebデザインの
　　 エッセンス 144
4-2 jQueryを
　　 使ってみよう 161
4-3 jQueryで
　　 高精細ディスプレイに対応 164
4-4 jQueryでシンプルな
　　 タブパネルを作る 166
4-5 スマートフォンサイトに
　　 バルーンポップアップを組み込む ... 171
4-6 使いやすいフォームの
　　 デザイン 178

4-1 CSSでレイアウトを切り替えて使いやすく
レスポンシブWebデザインのエッセンス

　第4章では、スマートフォンサイトの制作に使える実践的なテクニックを紹介します。[4-1]では、簡単なサンプルを通じて、「レスポンシブWebデザイン」のエッセンスを学びましょう。

スマホサイトをレスポンシブに改造しよう

　第3章で、基本的なスマートフォン向けサイトを作りました。しかし、このサイトは端末を横にした場合や、横幅の広い端末で表示した場合に、図❶のように画面のほとんどをナビゲーションが占めてしまい、コンテンツがほとんど見られません。

図❶
第3章で作ったスマートフォンサイトを横向きのiPhoneで表示するとコンテンツが見えない

　そこで、横幅が広い環境では、「レスポンシブWebデザイン」を採用して、別のレイアウトで表示するように変更します。PCとスマートフォンとで別のWebサイトに切り替えているため、純粋なレスポンシブWebデザインとは呼べませんが、基本的な考え方は共通です。

　ちなみに、筆者はこのように「PCとスマートフォンは別サイト、スマートフォン向けのサイトはレスポンシブWebデザイン」で作るサイトのことを「ハイブリッドレスポンシブ」と呼んでいます。

ブレイクポイントを設計する

　レスポンシブWebデザインでは、レイアウトを切り替えるタイミングを決める必要があります。この切り替えの基準となる横幅のことを**「ブレイクポイント」**と呼び、サイトによっては1つとは限らず、いくつか設定する場合もあります。

　ブレイクポイントは図❷を参考にすると良いでしょう。

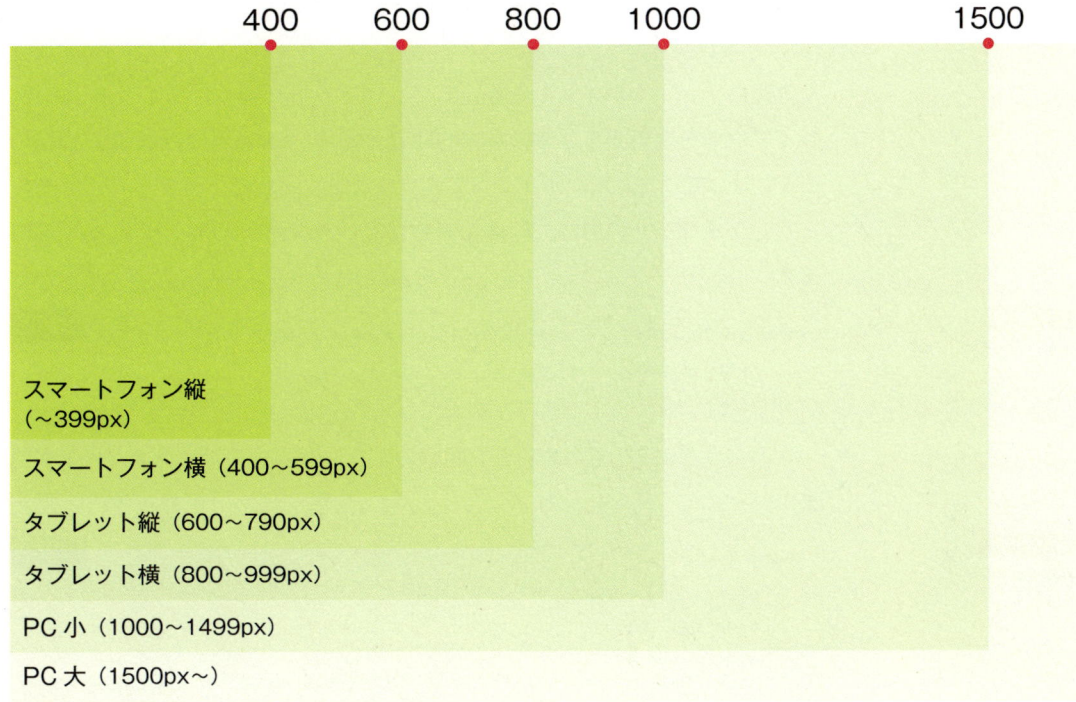

図❷　レスポンシブWebデザインのブレイクポイント

　ブレイクポイントが多くなると、それぞれの端末に最適なレイアウトができますが、制作の手間を考えると現実的とは言えません。また、同じWebサイトでレイアウトがころころ変わってしまうと、逆にユーザーに分かりにくいWebサイトになってしまうこともあり、慎重に検討する必要があります。

　2012年10月の調査[*1]によれば、レスポンシブWebデザインを採用しているサイトでは、ブレイクポイントは3個以内、480pxと768pxに設定しているサイトが多く、スマートフォンの縦から横への切り替えと、タブレットへ

[*1] レスポンシブWEBデザインにおけるブレイクポイント設定調査
http://www.supotant.com/research/r121029.html

の切り替えで採用していると考えられます。端末の種類が変わったときに、端末に最適なレイアウトに切り替えるのが一般的です。

　本書のサンプルサイトの場合、スマートフォンが横向きのときや、横幅が広い端末のときだけレイアウトを変えればいいので、ブレイクポイントは「400px」の1つに定めます。

メディアクエリーを使ってみる

　実際にブレイクポイントを設定してレイアウトを切り替えてみましょう。レイアウトを変更するときの基本的な考え方は、CSSの上書きです。標準のCSSに対して、ブレイクポイントで変更するスタイルを上書きしていきます。
　サンプルサイトの前に、簡単な例を見てしまいましょう。次のHTMLを準備します。

サンプル❶ chap04/01/01/

```html
<div id="box1">
    <p>box1</p>
</div>
```

　次のようなCSSを適用すると、図❸のようにグレーのボックスが表示されます。

サンプル❶ chap04/01/01/

```css
#box1 {
    background: #ccc;
    padding: 20px;
    width: 100px;
}
```

図❸ ボックスが表示される

　続いて、CSSを次のように書き加えます。

```css
@media screen and (max-width: 400px) {
    #box1 {
        background: #fcc;
    }
}
```

サンプル❷
chap04/01/02/

　PCのWebブラウザーで画面を表示すると、サンプル1と同じようにグレーのボックスが表示されますが、ブラウザーの幅を変更して画面を小さくすると、ボックスの色が赤になります（図❹）。iPhoneなどのスマートフォンで表示したときは、端末を縦にすると赤に、横にするとグレーになります。再読込をしなくても、すぐに変化することがわかります。

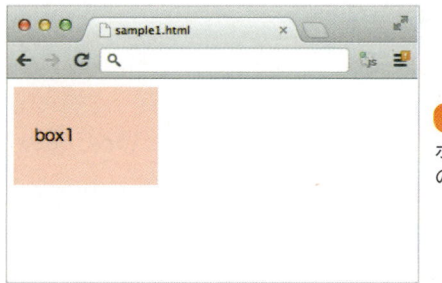

図❹
ボックスの色がブラウザーの幅によって変わる

メディアクエリーとは

　サンプル❷のように、ブレイクポイントを設定してレイアウトを変更するときに使うのが、CSS3の**「メディアクエリー」**です。メディアクエリーは、CSSを閲覧環境の状況に応じて切り替える技術です。CSS 2.1では、CSSのファイルを読み込むlink要素にmedia属性を指定することで、画面に表示されるときのスタイルシートと、印刷されるときのスタイルシートを分けられました。

```html
<link rel="stylesheet" media="print" href="only_print.css">
```

```css
@media print {
    ...
}
```

　メディアクエリーは、このmedia属性を拡張して、より複雑な条件でスタイルシートを切り替えられるようにした機能です。たとえば、前の例を見てみましょう。

```
@media screen and (max-width: 400px) {
```

　画面の横幅が400px以下の場合にのみ適用されるCSSの指定です。「max-width」というプロパティに値を指定することで、最大幅が値を下回ったときに、{ }内のスタイルを適用する、という意味になります。

　メディアクエリーには、表❶のようなプロパティが準備されています。

width / height	画面の幅・高さ
device-width / device-height	デバイスの幅・高さ
orientation	端末の縦・横（実際には画面の縦幅と横幅のどちらが大きいかで判断）
aspect-ratio / device-aspect-ratio	縦幅:横幅の割合

表❶　メディアクエリーの主なプロパティ

　このほか、テレビなどでの利用を想定した「color」「color-index」「monochrome」「resolution」「scan」「grid」などのプロパティもありますが、スマートフォンサイトの制作で利用することは、あまりないでしょう。

メディアクエリーによるレイアウトの切り替え

　実際にCOCOAのサンプルサイトを見ながら、記述したメディアクエリーを見ていきましょう。まず、全体の幅です。[3-4]のサンプルでは、次のように指定されています。

```css
#main {
  width: 100%;
}
```

　端末が横向きに切り替わったときには、左側にナビゲーションエリアが追加されます。そのため、次のようなCSSに切り替えたいとします。

```css
#main {
  width: auto;
  margin-left: 160px;
}
```

この場合、前の記述にメディアクエリーを加えて次のようにします。

```css
#main {
  width: 100%;
}
@media screen and (min-width: 400px) {
  #main {
    width: auto;
    margin-left: 160px;
  }
}
```

サンプル❸
chap04/01/03/

これにより、画面幅が400pxを超えた場合は左側に160px分の余白が確保され、残りの部分が本体のエリアとして割り当てられます（図❺）。

図❺
左側に余白が確保
されて表示される

ただし、iPhoneは、端末を横にしたときに、縦幅のときの表示領域をそのまま横幅に合わせて拡大するため、図❻のように表示されます。

図❻
iPhoneでは正しく
表示されない

以下のように、Viewportの初期倍率を100％に設定することで、横向きのときにも100％で表示され、メディアクエリーの設定が正しく動作するようになります。

```
<meta name="viewport" content="width=device-width; initial-scale=1">
```

レイアウトの調整

続けて、タイトル周りを整理していきます。タイトルは、左側の空いたスペースに移動します。また、図❼の右側にある「Contact」のボタンは、横レイアウトの場合は不要なのでdisplayプロパティを「none」にして、非表示にします。

図❼
Contactボタンは
非表示にする

サンプル❹
chap04/01/04/

[liveサンプル]
go.ascii.jp/?spb02

```css
@media screen and (min-width: 400px) {
  #header {
    width: 160px;
    position: absolute;
    top: 0;
    left: 0;
  }
  #header h1 img {
    width: 106px;
    height: auto;
  }
  #header p {
    display: none;
  }
}
```

さらに同じく、ソーシャル関連のボタン群も左側のエリアに移動させます。こうして、細かくレイアウトを調整できます（図❽）。

図❽
調整した横向きのレイアウト

　このようにメディアクエリーでレイアウトを自在に変えられるのは、柔軟に動かせるようなHTMLにマークアップされていることや、デザインカンプを作る段階で想定して、設計したためです。また、紹介したのはブレイクポイントが1つだけのシンプルなサイトでしたが、ブレイクポイントの数が増えれば、設計や構築の手間も非常に大きくなります。

　レスポンシブWebデザインは、設計・デザイン・構築の各段階で、それぞれの技術でなにが可能で、何が不可能なのか、どのようにすれば実現できるのか把握しておき、しっかりと計画を立てて採用しましょう。

もっと知りたい！⑥

フレームワークを使った
インブラウザーデザイン

レスポンシブWebデザインを採用したWebサイトは、4-1のようにいちから作るには手間がかかります。そこで注目されているのが、「CSSフレームワーク」と呼ばれる技術を利用したサイト構築です。CSSフレームワークの1つである「Bootstrap」を使ったサイト制作の方法を紹介します。

Bootstrapを利用する

Bootstrapは、米ツイッター社がオープンソースで配布しているフレームワークです。扱いやすさと質の高いパーツデザインで非常に人気があり、特に海外では多くのWebサイトで採用されています。

さっそくBootstrapを利用してみましょう。**配布サイト**[*1]にアクセスし、ダウンロードボタンをクリックします（図❶）。

*1 http://twitter.github.com/bootstrap/

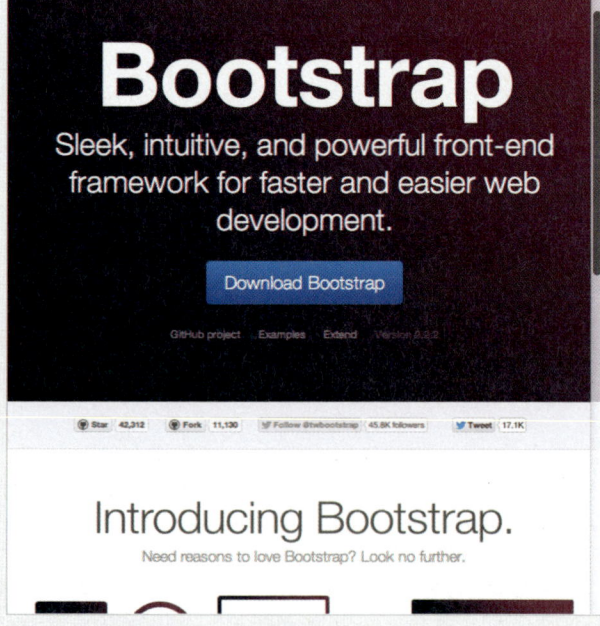

図❶
Bootstrapのサイト。ダウンロードボタンをクリックする

ダウンロードしたら圧縮ファイルを展開し、CSS、画像、JavaScriptを適当な場所にコピーします。

次に、HTMLを準備しましょう。次のようになります。

```html
<!DOCTYPE html>
<html lang="ja">
<head>
<meta charset="utf-8">
<title>H2O SPACE</title>
<link rel="stylesheet" href="css/bootstrap.min.css">
<link rel="stylesheet" href="css/bootstrap-responsive.min.css">
</head>
<body>

<div class="container">
    <h1> お問い合わせ </h1>

    <form>
        <div class="control-group error">
            <label class="control-label" for="myname"> お名前 </label>
            <div class="controls">
                <input type="text" id="myname" name="myname" placeholder=" 例）山田太郎 ">

<span class="help-inline"> お名前は必須項目です </span>
            </div>
        </div>
        ...
    </form>

</div>

<script type="text/javascript" src="http://code.jquery.com/jquery-1.8.3.min.js"></script>
<script src="js/bootstrap.min.js"></script>
</body>
```

script要素でjQueryを読み込んでいます。jQueryは**公式サイト**[2]を参考にして、そのときの最新版にリンクするとよいでしょう。

[2] http://jquery.com/

スタイルを利用する

　Bootstrapには、あらかじめさまざまな役割を持ったスタイルが定義されているので、HTMLのclass属性を付加するだけで簡単にスタイルを利用できます。たとえば、次のようなHTMLを追加してみましょう。

```html
<form>
    <div class="control-group error">
        <label class="control-label" for="myname">お名前 </label>
        <div class="controls">
            <input type="text" id="myname" name="myname" placeholder="例）山田太郎 ">
            <span class="help-inline">お名前は必須項目です </span>
        </div>
    </div>
    ...
</form>
```

すると、図❷のような警告を表すメッセージを表示できました。

図❷ 警告メッセージのスタイルで表示された

テキストフィールドを囲むdiv要素に「error」というclass属性を指定するだけで、各種装飾が自動的になされます。

このほかにも、表❶のようなclass属性が準備されており、CSSを定義することなく、よく使うスタイルを適用できます。

class属性	スタイル
warning	テキストが黄色になる
error	テキストが赤になる
info	テキストが水色になる
success	テキストが緑色になる

表❶ Bootstrapで定義されているスタイルの例

ちょっとしたアイコンがすぐに使えるのも魅力です。前のサンプルを次のようなHTMLに変更してみましょう。

サンプル❷
chap04/column6/02/

```html
<span class="help-inline"><i class="icon-warning-sign"></i> お名前は必須項目です </span>
```

テキストの前に、i要素を追加しています。すると、図❸のようなアイコンが付加されます。

図❸ i要素を追加するとアイコンが表示される

このようなアイコンが、140種類もあらかじめ準備されているため、ちょっとしたWebサイトであればアイコンを制作する必要がありません。

Bootstrapで利用できるclass属性や機能の一覧は、**公式サイト**[*3]で確認できます。

*3 http://twitter.github.com/bootstrap

Bootstrapを利用したインブラウザーデザイン

Bootstrapは、インブラウザーデザインによるサイト制作にも利用できます。インブラウザーデザインは、PhotoshopやFireworksなどのデザインツールでカンプを作らずに、直接、HTMLやCSSを書きながらデザインを整えていく手法です。

ここでは、Bootstrapの派生ツールである「**Jetstrap**」[*4]を利用して、全体を作り込んでいきます。まずは、Jetstrapにアクセスしてアカウントを作りましょう。Twitter/Google/Githubの各アカウントで作成できます（図❹）。

*4 http://jetstrap.com/

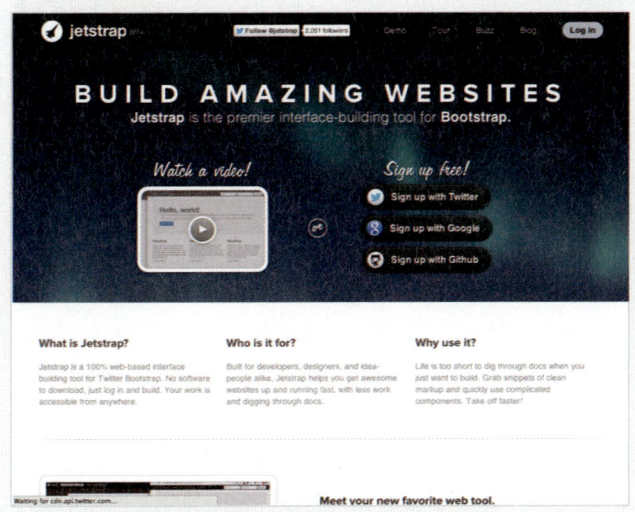

図❹ Jetstrapのサイト。アカウントを作成する

スクリーン選択画面で「Marketing」を選び、適当な名前をつけて「Create」ボタンをクリックしましょう（図❺）。すると、Bootstrapを使った画面が展開されます（図❻）。このツールを利用すると、Web制作ツールと同じような感覚で画面をレイアウトできます。

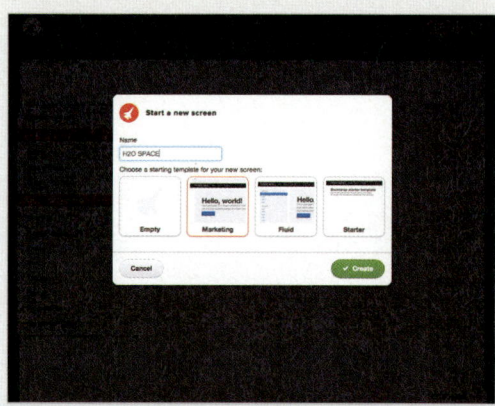

図❺
名前をつけて
Createボタンを
クリックする

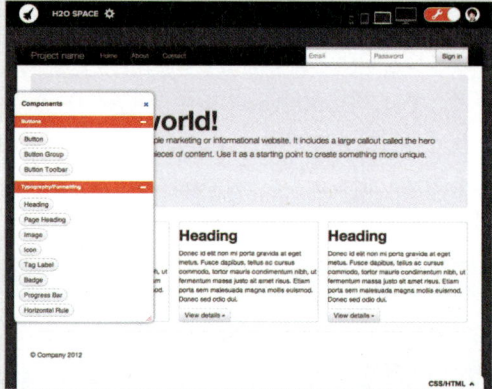

図❻
Bootstrapを使
って画面をレイ
アウトできる

　右上の切り替えボタンをクリックすることで、解像度を擬似的に変えながら作業を進められます。見た目を確認しながらリアルタイムでデザインを進められるのが、インブラウザーデザインのメリットです。
　コンテンツを入れ込んでいき、必要なパーツを埋め込んでいきます（図❼）。重要なのは、細かなことにこだわりすぎないことです。後でCSSを直接編集して細かく整えられますので、まずは要素を必要な場所に並べながら、レイアウトやコンテンツの見せ方を考えていきましょう。

図❼
コンテンツを
配置した画面

画面右下の「CSS/HTML」ボタンをクリックすると、HTMLやCSSを直接編集できますが、ここで編集するよりはダウンロードしてエディターで作業した方がやりやすいでしょう。ある程度コンテンツを入れ込んだら、「Download .zip」ボタンをクリックしてファイルをダウンロードします（図❽）。

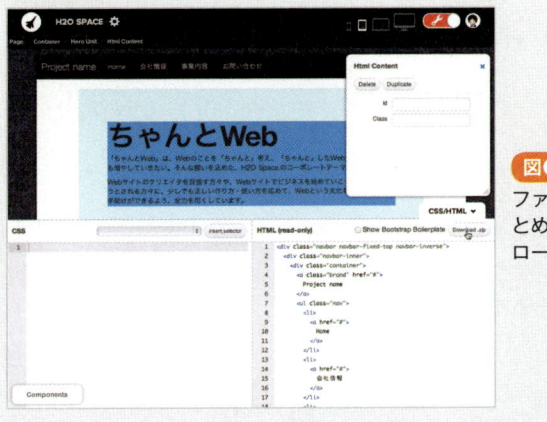

図❽ ファイルをまとめてダウンロードする

ダウンロードしたファイルは、自由にカスタマイズして仕上げられます。ただし、Bootstrapがバージョンアップしたときにも対応できるように、「bootstrap.css」および「bootstrap.min.css」は変更しないようにしましょう。スタイルを変更するときは、新しいCSSファイルを準備して書き加えていきます。

たとえば、ここではナビゲーションバーの見た目を変更してみます。まずは、HTMLを次のように変更します。

```
<div class="navbar navbar-fixed-top navbar-inverse">
```

↓

```
<div class="navbar navbar-fixed-top">
```

すると、ナビゲーションバーが図❾のように白っぽいイメージになります。

図❾ ナビゲーションバーが白に変わる

次に、透明感のあるナビゲーションバーに変更してみましょう。新しく「screen.css」というファイルを準備して、次のように書き加えます。

```css
.navbar .navbar-inner {
  background: rgba(255, 255, 255, 0.4);
}
```

このCSSファイルをHTMLからリンクします。

```html
<link rel="stylesheet" href="assets/css/bootstrap-responsive.min.css">
<link rel="stylesheet" href="css/screen.css" />
```

スタイルを上書きするので、BootstrapのCSSよりも後に読み込みます。ツールバーの文字をはっきりさせるため、「screen.css」には以下のスタイルも書き込みます。

```css
.navbar .nav li a {
  color: #545454;
  text-shadow: none;
}
.navbar .navbar-inner {
  background: rgba(255, 255, 255, .8);
}
```

これで、透明感のあるツールバーができました（図❿）。このように、元のスタイルを少しずつ変更しながら、希望のデザインに近づけていきます。

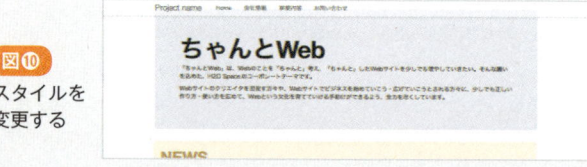

図❿ スタイルを変更する

どの要素のスタイルを上書きすればよいかは、Webブラウザーに搭載されているデベロッパーツールを利用すると便利です。Google Chromeであれば、ページを表示した状態で対象の要素を右クリックし、「要素の検証」をクリックします。するとデベロッパーツールが起動し、クリックした要素のスタイルを調べられますので、徐々に親の要素をたどりながら、上書きしたいスタイルを定義している場所を探していきます。

ここでは、「.navbar-inner」というclass属性の要素に背景色などを指定しています（図⓫）。そこで、このclassに対するスタイルを上書きする形で、背景を指定したのです。

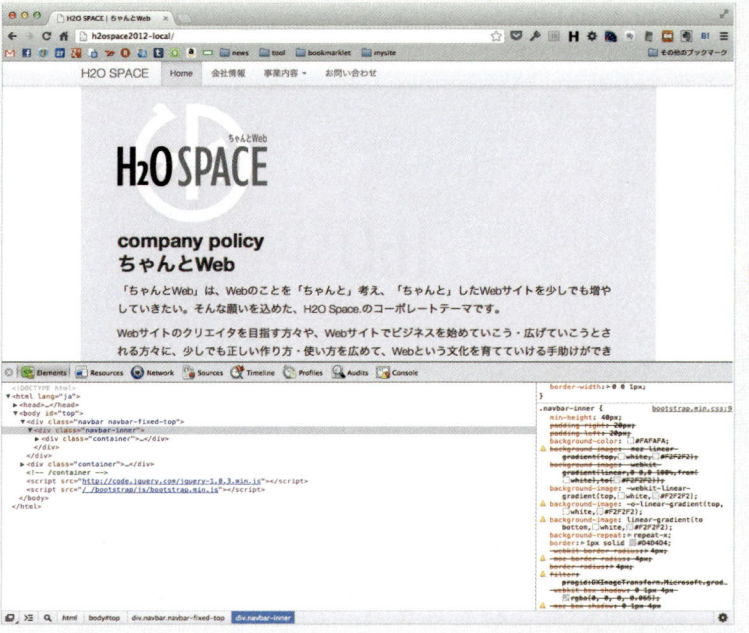

図⓫
デベロッパーツールで要素を探す

　この繰り返しでカスタマイズしていくと、図⓬のような画面が作れます。ロゴや背景の画像はPhotoshopで作成して配置しましたが、画面全体のカンプは作成していません。
　レスポンシブWebデザインにもすでに対応しているので、非常に簡単にサイトを作れます（図⓭）。

図⓬
カスタマイズして完成した画面

図⓭
レスポンシブWebデザインにも対応しており、横幅を縮めるとレイアウトが変わる

専用サイトとレスポンシブWebデザイン

　PCサイトとの振り分けやレスポンシブWebデザイン（ハイブリッド含む）、フレームワークを利用した制作方法など、さまざまな手段を紹介してきましたが、現状でスマートフォンサイトを作るときにベストな手段はありません。

　フレームワークを利用して、手軽にレスポンシブWebデザインに対応すると変更が簡単で、常に変化し続けるWebサイトを作れますし、設計からデザインまで専用サイトとして作り込むと、独自のブランドイメージを構築できます。

　また、外出先での使いやすさに特化したインターフェイスを持つWebサイトや、「PCの代替」ではなく「スマートフォンからのアクセスしか考えない」といったWebサイトも出てくるかもしれません。

　結局、どのような手法がもっとも適しているかは、そのWebサイトの特性やターゲット、運用者のスキルやコストによって変わってきます。方法や手段にとらわれることなく、何を、誰に提供し、どのような結果を求めるのかを考え、最適な手法を選ぶようにしましょう。

4-2 スマホサイトにも欠かせない定番ライブラリー
jQueryを使ってみよう

スマートフォンサイトに限らず、最近のWebサイト制作で欠かせないのがJavaScriptです。特に、「jQuery」を利用すると、ちょっとした動きや、コンテンツを折りたたむUIを手軽に作れます。

jQueryの基本的な使い方

最初に、jQueryの基本的な使い方を紹介します。**jQueryのWebサイト**[*1]から「Download」を選択し、リンク先のURLをコピーします（図❶）。

[*1] http://jquery.com/

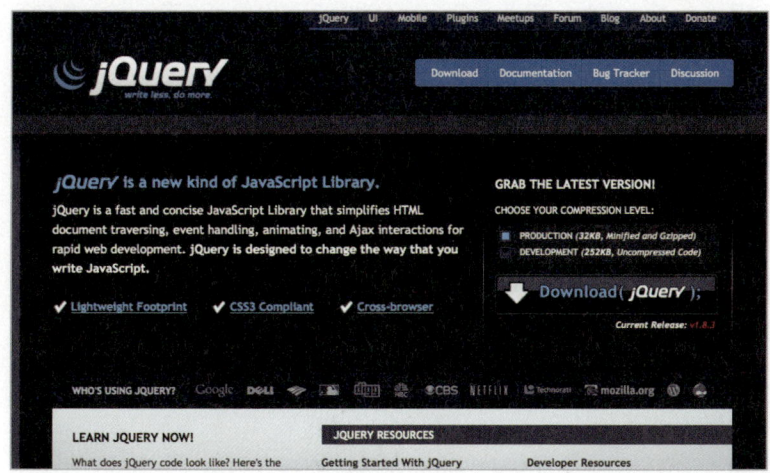

図❶ jQueryのWebサイトから「Download」を選択する

新しいHTMLファイルを作成してhead要素内にscript要素を記述し、コピーしたURLを貼り付けます。

```
<script type="text/javascript" src="http://code.jquery.com/jquery-1.8.3.min.js"></script>
```

これでjQueryを利用する準備が整いました。簡単なサンプルでjQueryの動きを試してみましょう。body要素内に次のようなdiv要素を記述します。

サンプル❶
chap04/02/01/

```html
<div id="content">
<p> この文字が徐々に消えます </p>
</div>
```

このHTMLに次のようなCSSを適用します。

サンプル❶
chap04/02/01/

```css
#content {
    background: #ccc;
    padding: 20px;
    width: 200px;
    text-align: center;
}
```

body要素の最後に次のようなscript要素を用意し、jQueryのスクリプトを記述します。

サンプル❶
chap04/02/01/

```html
<script type="text/javascript">
$('#content').fadeOut();
</script>
```

このHTMLをブラウザーで表示すると、テキストの色が次第に薄くなっていき、真っ白のページに変わります（図❷）。

図❷
サンプルを実行するとテキストが次第にフェードアウトしていく

ここでは、ID属性が「content」の要素を、「フェードアウト」のエフェクトで消していくという演出を記述しました。「fadeOut()」という記述を「メソッド」といい、要素を動かしたり、内容を変更したりするなどの振る舞い（method）を指示するための記述です。

メソッドの対象にする要素は、CSSのセレクターを利用して指定できます。セレクターは、jQuery特有の記述である「$()」の中に記述しましょう。**サンプル❶**では、ID属性が「content」である要素を指定したいので、「#content」というセレクターを記述するわけです。

```
$('#content')
```

メソッドは、ドット（.）に続けて記述します。

```
$('#content').fadeOut();
```

別のメソッドに変えると動きも変化します。たとえば、「slideUp()」メソッドを使うと、スライドアップのエフェクトで表示されます（図❸）。

```
$('#content').slideUp();
```
JavaScript サンプル❷ chap04/02/02/

図❸ テキストがスライドアップして消えていく

このほか、表❶のようなメソッドがあります。

メソッド	意味
hide()	瞬時に消去
show()	瞬時に表示
fadeIn()	徐々に表示
slideIn()	下に徐々に表示

表❶ jQueryのメソッド例

メソッドの後の括弧の中には、特定のキーワードを含めることができ、それによって動作を細かくカスタマイズできます。サンプル❷を次のように変更してみましょう。

```
$('#content').slideUp('slow');
```
JavaScript サンプル❸ chap04/02/03/

「'slow'」と記述することで、動作が遅くなります。これを「パラメーター」といい、メソッドに応じてどのようなパラメーターを記述できるかは決まっています。こうして、メソッドやパラメーターをうまく組み合わせながら、細かな動きを実現していくのが、jQueryでの開発になります。

4-3 Retinaでもキレイに魅せる
jQueryで高精細ディスプレイに対応

jQueryを利用した具体的なサンプルとして、高精細ディスプレイに対応した画像を表示するスクリプトを作ってみましょう。

画像を置き換える処理をする

iPhone 4以降の**Retinaディスプレイ**[*1]や、最近のAndroid端末の高精細ディスプレイでは、画像を従来の2倍以上の大きさで作らないと、ぼやけて表示されてしまいます。しかし、高解像度画像はその分容量も大きくなってしまうので、ページ表示速度と合わせて考えなければなりません（図❶）。

*1
Retinaディスプレイ
📖 25ページ

図❶ 高精細ディスプレイではぼやけて表示されるロゴ画像（左）を、高解像度画像に差し替える

そこで、ディスプレイの精細度（Device Pixel Retio）をjQueryで判断し、高精細ディスプレイの端末の場合にだけ、画像を置き換える処理を作ってみましょう。

```
<h1><img src="img/common/header_logo.png" height="28"
 width="89" alt="COCOA Official Web Site"></h1>
```

この「`header_logo.png`」は、28×89pxで作成されている低解像度向けの画像です。高精細ディスプレイの場合のみ、準備した「`header_logo_retina.png`」に差し替えます。body要素の最後で、jQueryを組み込み、次のようなスクリプトを記述しましょう。

```
<script>
if (window.devicePixelRatio > 1) {
  $('h1').html('<img src="img/common/header_logo_retina.png" height="28" widht="89" lat="COCOA Official Web Site">');
}
</script>
```

「`window.devicePixelRatio`」は、表示した端末のDevice Pixel Ratioの値を得るための記述です。Device Pixel Ratioとは、1pxをデバイス上で何pxとして描画するかを指定する値で、通常のPCなどのWebブラウザーでは「1倍」を表す「1」が、iPhone 4などのRetinaディスプレイを搭載している端末では「2」、Android端末の高精細端末では「1.5」や「3」になります。

サンプル❶では、JavaScriptのif文を使って、この値が1を上回っているときに「h1」の画像を差し替える処理を実行します。具体的には、jQueryの`html()`というメソッドを使って、h1要素内のimg要素を書き換えることで画像を差し替えています。

こうして、高精細なディスプレイには高解像度画像を表示できます。この処理は、低解像度の端末に余計な負担をかけないうえに、高精細のディスプレイでもきれいに見せたい画像だけ差し替えられるメリットがあります。

最初から高精細な画像を準備するか、読み込み速度を優先して低解像度だけを使うか、またはjQueryを利用して差し替えるかは、画像の種類やサイトの内容によって判断が異なります。表示速度と合わせて考えるとよいでしょう。

4-4 長いページをコンパクトにおさめる
jQueryでシンプルな タブパネルを作る

スマートフォンサイトでは、ページ遷移を少なくするために、本文のページが長くなりがちです。そこで、本文を短く見せる工夫の1つとして、「タブ切り替え」の仕組みを作ってみましょう。カテゴリー別のニュースや、「あ、か、さ、た、な」などといった同列のコンテンツを並べるときに利用できます。

タブパネルのHTML/CSSを用意する

jQueryを使って、図❶のようなタブパネルを作成します。画面上部に切り替えられるタブボタンがあり、タップをするとコンテンツが切り替わります。画像は使わず、スタイルシートだけでデザインしているので軽量に動作し、かつ簡単にカスタマイズできます。

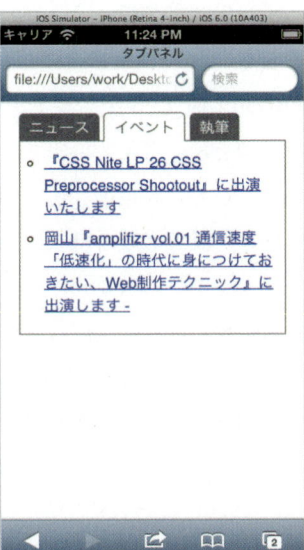

図❶
今回作成するタブパネルのサンプル。タブ部分をタップすることで、内容をその場で切り替えられる

まずはタブパネルのHTMLを用意します。

4-4 jQueryでシンプルなタブパネルを作る

サンプル❶
chap04/04/01/

[liveサンプル]
go.ascii.jp/?spb03

```html
<div class="tabPanel">
<nav>
    <ul>
        <li class="active"><a href="#panel1"> ニュース </a></li>
        <li><a href="#panel2"> トピックス </a></li>
        <li><a href="#panel3"> コラム </a></li>
    </ul>
</nav>

<section id="panel1" class="panel">
    <p> ニュース </p>
</section>

<section id="panel2" class="panel">
    <p> トピックス </p>
</section>

<section id="panel3" class="panel">
    <p> コラム </p>
</section>
</div>
```

タブ部分は、**nav要素**[*1]でリストを使ってマークアップしました。コンテンツ部分はそれぞれを**section要素**[*2]でマークアップしています。コンテンツの内容は自由で、ul要素以外でも構いません。続いてCSSです。

*1 nav要素
📖 101ページ

*2 section要素
📖 101ページ

サンプル❶
chap04/04/01/

```css
.tabPanel {
    padding: 20px;
}

.tabPanel nav {
    padding-bottom: 5px;
}

.tabPanel nav li {
    border: 1px solid #ccc;
    border-bottom: none;
    border-top-left-radius: 8px;
    border-top-right-radius: 8px;
    display: inline;
    padding: 5px 10px 5px;
}

.tabPanel nav li.active {
```

```css
    background-color: #fff;
}

.tabPanel nav a {
    text-decoration: none;
    color: #000;
}

.tabPanel .panel {
    border: 1px solid #ccc;
    min-height: 150px;
    padding: 10px;
}
```

[3-2]で紹介したボタンのスタイルシートを応用し、CSS3で装飾しています。また、現在表示中のタブボタンと他のタブボタンを見分けられるように「active」というクラスを利用して、現在選択されているタブを表しました。

jQueryでタブの表示／非表示を制御する

JavaScriptを見ていきましょう。

サンプル❶
chap04/04/01/

```javascript
$('.tabPanel section:gt(0)').hide();

$('.tabPanel nav a').click(function() {
    // リンク先のパネルを表示します
    $('.tabPanel section').hide();
    $($(this).attr('href')).show();

    // タブをアクティブにします
    $('.tabPanel li').removeClass('active');
    $(this).parents('li').addClass('active');
});
```

最初に、hideメソッドを使ってパネルを隠します。このとき、最初のパネルだけは表示させておきたいので、「:gt」という疑似セレクターを使って、「1番目以降のパネルのみ」と指定しています。

タブ部分をタップされたら、hideメソッドでいったん全部のパネルを消した後、対象のパネルだけをshowメソッドで表示しています。たとえば、「トピックス」というタブがタップされたら、href属性に指定されているのは「#panel2」なのでそれをそのままセレクターとして採用します。すると、ID属性が「panel2」になっているパネルが表示されます。

タブ部分についてもいったんすべての要素から、removeClassメソッドでclass属性を取り除き、タップされたタブに対してaddClassメソッドでクラスを付加します。これで、タップされたタブの装飾が変わります（図❷）。

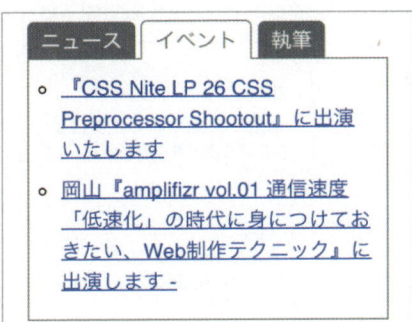

図❷ 他のタブをタップしたところ。コンテンツをその場で切り替わる

JavaScriptでスクリプトを作成する場合、JavaScriptが利用できない環境を考慮しなければなりません。たとえば、iPhoneの場合、Safariのセキュリティ設定でJavaScriptをOFFにできます（図❸）。パネルをCSSで隠してしまうと、企業のポリシーなどによってJavaScriptをOFFにしなければならないユーザーは、隠れた記事を読めません。

図❸ Safariのセキュリティ設定。JavaScriptをOFFにできる

そこで、**サンプル❶**では、CSSではなくJavaScirptで表示／非表示を制御しました。また、それぞれのパネルには見出しが配置されていて、JavaScriptで非表示にしているので、JavaScriptがオフの環境でも図❹のよう最低限の情報はすべて見られるようになっています。

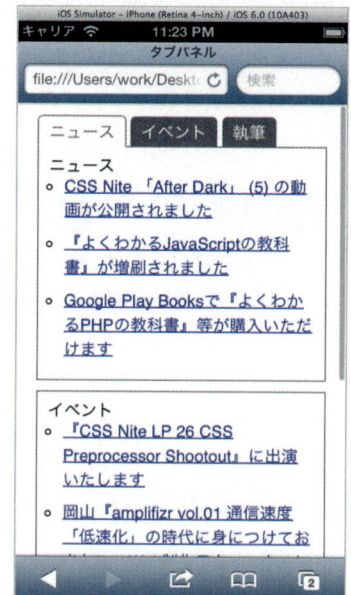

図❹
JavaScriptの利用できない環境で表示したところ。パネルがすべて表示されている

JavaScript/jQueryを利用する場合、このようにさまざまなユーザーが不便なく利用できるように工夫しましょう。

4-5 ブックマーク促進や告知に使える
スマートフォンサイトに
バルーンポップアップを組み込む

　第2章で紹介した、ブックマークやホーム画面への登録を促すフキダシ（バルーンポップアップ）を表示してみましょう。ブックマークやホーム画面以外にもさまざまな告知用途に利用できます。

シンプルなポップアップを作成しよう

　ちょっとしたお知らせを表示するのに便利なのが、**「バルーンポップアップ」**[*1]です。狭い画面を有効に利用しながら、適度にアピールをすることができます。[4-5]では、図❶のようなお知らせを表示するポップアップをjQueryで作成しましょう。

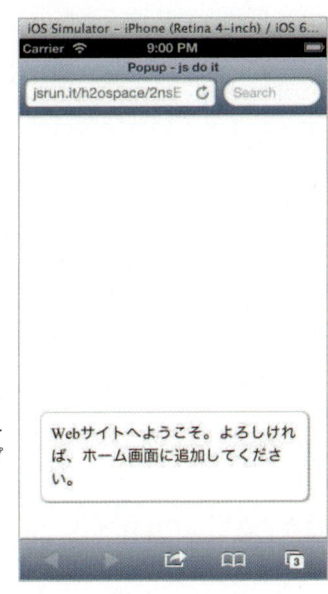

[*1] バルーンポップアップ
📖 65ページ

図❶
作成するバルーンポップアップ

HTML／CSSを用意する

　はじめに、スマートフォンサイトに追加するHTMLを用意します。デザインはCSS3で実装するので、HTMLはdiv要素の中にバルーンで表示したいテキストを記述するだけです。

サンプル❶
chap04/05/01/

[liveサンプル]
go.ascii.jp/?spb04

```html
<div class="balloon">
    <p>Web サイトへようこそ。よろしければ、ホーム画面に追加してください。
</p>
</div>
```

続いてCSSです。CSS3を使った装飾方法については解説しているので詳しくは省きますが、追加したdiv要素(.balloon)に対して角丸とドロップシャドウを適用し、背景色を**rgba**[*2]による指定で半透明にしています。[3-2]を参考にして、自由にデザインしていくとよいでしょう。

*2
rgba
📖 110ページ

サンプル❶
chap04/05/01/

```css
body {
    padding: 20px;
}

.balloon {
    border: 1px solid #ccc;
    border-radius: 8px;
    padding: 10px;
    box-shadow: 1px 1px 1px rgba(0, 0, 0, .5);
    position: absolute;
    width: 80%;
    line-height: 1.5;
    background-color: rgba(255, 255, 255, .8);
}
```

CSSではバルーン(.balloon)のpositionプロパティを「absolute」(絶対配置)に設定しています。absoluteに設定することでtop/leftプロパティの操作でバルーンの位置を自由に移動できるようになります。

JavaScriptで位置を調整する

JavaScriptは次のようになります。

サンプル❶
chap04/05/01/

```javascript
var left = Math.floor(($(window).width()
 - $(".balloon").width()) / 2) - 10;
var top = Math.floor(($(window).height()
 - $(".balloon").height())) - 50;

$(".balloon").css({
    "top": 0,
```

```
        "left": left
    })
    .animate({top: top}, 300)
    .delay(5000)
    .fadeOut(1000);

    $('.balloon').click(function() {
        $(this).stop().fadeOut(1000);
    });
```

　バルーンは、Webページにアクセスすると画面の上方向からスクロールして現れ、しばらくすると非表示になります（図❷）。

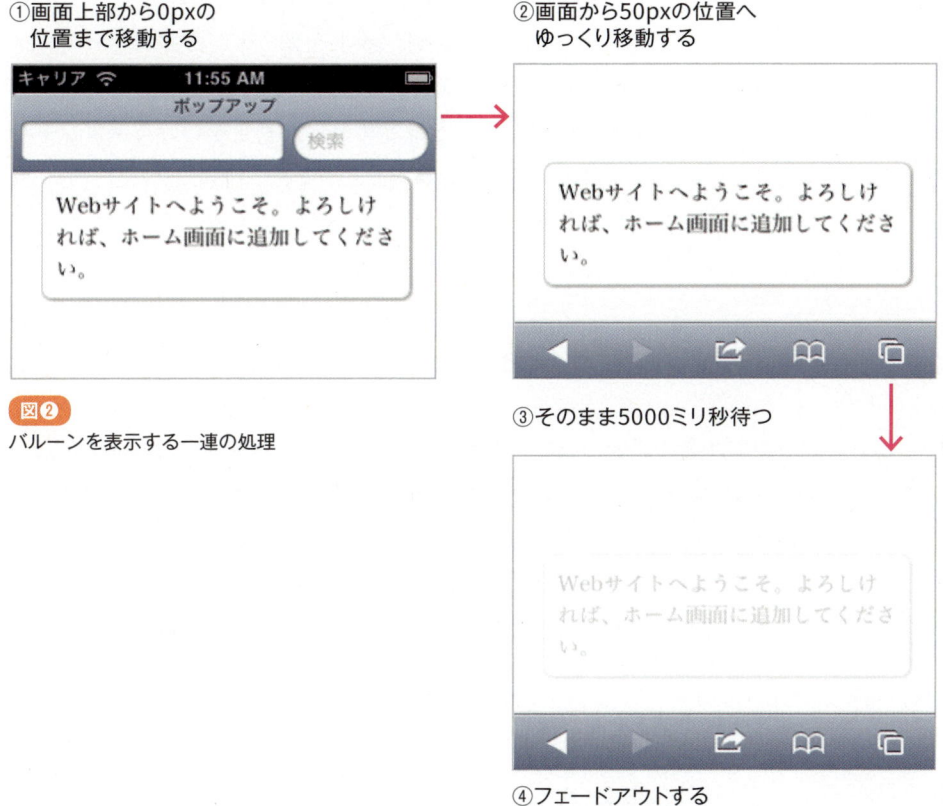

図❷
バルーンを表示する一連の処理

　この一連の動作を表すのが、次のメソッド群です。

- animate：さまざまなアニメーションを実現する。ここでは、CSSの「top」プロパティを300ミリ秒で規定の位置まで移動させている

- delay：その次の動作まで、しばらく間をおく。5000ミリ秒（＝5秒）待っている
- fadeOut：フェードアウトで要素を非表示にする

jQueryでは、このように複数のメソッドを繋いでいく「**メソッドチェーン**」*3 というテクニックで、複雑な動作を再現できます。

バルーンはタップすることでも非表示にできます。そのためには「click」のアクションに対して、要素を非表示にする「fadeOut」メソッドを割り当てますが、そのままでは残念ながら動作しません。

前に設定した各アニメーションがアニメーションキュー（コラム参照）に登録されて残っているため、「fadeOut」もすぐには実行されず、キューに追加されるためです。そこで、「stop」メソッドを使って、それまでのアニメーションを中止した上でfadeOutを実行しています。

このように、animateメソッドをはじめとした動きをつけるメソッドを使えば、さまざまな要素を簡単に動かすことができ、目立たせたり、ユーザーに役割を示したりできます。

*3 複数のメソッド（動作）を数珠なぎに記述することで、順番に実行できるjQueryの機能

jQueryプラグインを使う

サンプル❶の場合、単にスクロールするだけではやや不自然な動きになるので、細かい演出として動きに変化を付けてみましょう。

animateメソッドの3つめのパラメータには、アニメーションの動き方を指定できます。標準では、「linear」または「swing」という動きが指定できますが、「jQuery Easing」プラグインを利用するとより複雑な動きを利用できます。

まずは**配布サイト***4でファイルをダウンロードし、適当な場所にコピーします。ここでは、「/js」フォルダにコピーしました。このファイルを、script要素で読み込みます。HTMLファイルに次のように追加しましょう。

*4 http://gsgd.co.uk/sandbox/jquery/easing/

サンプル❷
chap04/05/02/

```html
<script type="text/javascript" src="js/jquery.easing.1.3.js">
</script>
```

すると、標準のエフェクトに加えて10種類以上のエフェクトが追加され

ます。動きを言葉で説明するのは難しいので、公式サイトのデモで確認してください。

サンプル❷では、「easeOutExpo」を利用し、はじめは早く、だんだん遅くなっていく動きを付けます。次のようにスクリプトを変更しましょう。

```
.animate({top: top}, 1000, 'easeOutExpo')
```
JavaScript

サンプル❷
chap04/05/02/

　これで、バルーンは上から急激に下がりながら、最後の方で速度が遅くなり、「すとんっ」という感じで落ち着くような動作になります。ほかにも、さまざまな動き（イージング）がありますので、動作に合った最適な効果を選びましょう。

処理の順番を決めるアニメーションキュー

　jQueryは、同一の要素に複数のアニメーションを設定すると、「キュー（Queue）」に蓄積して順番に実行していきます。キュー（Queue）は一般的なコンピュータ用語で「待ち行列」などと訳されます。

　バルーンをタップしたときに、すぐにフェードアウトが始まらないのは、この「キュー」にアニメーションの処理が入っていて順番待ちを強いられてしまうためで、そのままでは希望したタイミングでアニメーションが動き出しません。そこで、stop()メソッドを使ってキューをクリアしたというわけです。

　なお、さらに高度なキューの操作にはclearQueue()というメソッドもあります。clearQueue()は実行前のキューのみを削除するなどの違いがあります。

もっと知りたい！❼

CSS Transitionsを使ったアニメーション

[4-2][4-3][4-4]ではjQueryを使って動きのあるUIを作りましたが、簡単なアニメーションであればCSS3の「CSS Transitions」でも実現できます。

デモンストレーションで簡単な使い方を紹介します。次のようなHTMLを用意しましょう。

サンプル❶
chap04/column7/01/

```html
<div id="box">
  <p>box</p>
</div>
```

このHTMLに以下のCSSを適用します。

サンプル❶
chap04/column7/01/

```css
div {
  background-color: #ccc; width:200px; height:50px;

  transition: background-color 1s linear 0;
  -moz-transition: background-color 1s linear 0;
  -webkit-transition: background-color 1s linear 0;
  -o-transition: background-color 1s linear 0;
  -ms-transition: background-color 1s linear 0;
}

div:hover {
  background-color: #333;
}
```

サンプル❶をPCのブラウザーで開き、要素にマウスを重ねると、徐々に色が変化していきます（図❶）。

図❶
マウスを重ねると色が変わっていく

CSSのコードを改めて見てみましょう。div要素に対して背景色を設定し、「:hover」の疑似セレクター、つまりマウスが重なったときには背景色を変えるように設定しています。ここまでは、CSS2以前でも同様です。
　次に、div要素に対して、「transition」プロパティを設定しています。transitionプロパティは以下のように指定します。

`transition: 対象のプロパティ 時間 変化の方法 変化が始まる時間`

　transitionプロパティは、対象のプロパティの値が変更されたときに、アニメーション処理がかかります。サンプル❶では、:hoverによってbackgroundが変化したときにアニメーションが始まり、背景色が変化します。
　「画面を表示したとき」など、CSSだけで表現できないイベント（タイミング）は、JavaScript (jQuery)と組み合わせて利用します。たとえば、サンプル❶にjQueryを読み込み、以下のスクリプトを記述します。

```html
<script>
    $('#box').css('background-color', '#333');
</script>
```

サンプル❷
chap04/column7/02/

　すると、画面を表示した直後から徐々にボックスの色が濃くなっていきます。このとき、アニメーションは CSS Transitionで処理しています。

jQueryと CSS Transitionのどちらを利用するべきか

　同じアニメーションをする場合、jQueryとCSS Transitionのどちらを利用するのがよいでしょうか。筆者は、現状ではjQueryを利用し、将来的には CSS Transitionを利用するのがよいと考えます。
　CSS Transitionのメリットは、JavaScriptと違ってWebブラウザーが直接アニメーションを処理するため、サポートブラウザーでは非常に高速に処理できることです。しかし、現状ではWebブラウザーごとの対応がまちまちで、Windows Phoneなどプラットフォームが増えている現状では、若干使いにくい技術でもあります。
　基本的には、jQueryで処理し、パフォーマンスが求められる部分に補助的に CSS Transitionを利用するのがよいでしょう。

4-6 スマートフォンの特性を考えて作る
使いやすいフォームのデザイン

　PCサイトでは頻繁に使われるフォームは、タッチパネル操作が主流のスマートフォンでは入力や選択が難しいので、あまりおすすめできません（第2章参照）。ただし、JavaScriptやCSSのテクニックで、ある程度使いやすくはできます。お問い合わせフォームを例に、スマートフォンでも使い勝手のいいフォームを作る方法を解説します。

HTML5の新機能でフォームをマークアップ

　HTMLのフォームはマウスでの利用が前提にデザインされているので、PCでは問題なく操作できるチェックボックスやラジオボタンなどのパーツも、スマートフォンから指で正確にタップするのは困難です（図❶）。

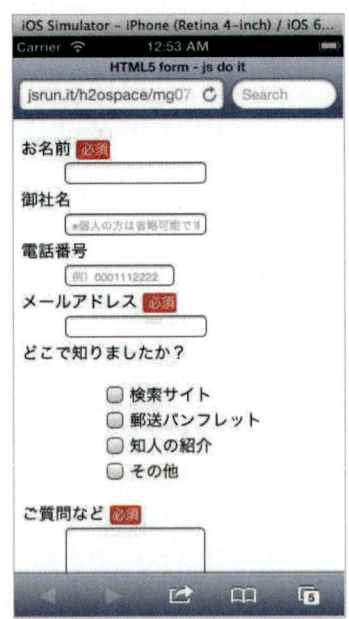

図❶
PCサイトのフォームをスマートフォンで表示するとパーツが小さくタップしにくい

　スマートフォンでも使いやすいフォームを作るにはどうしたらよいでしょうか。順を追って解説します。
　まずは、Viewportなどを正しく設定したスマートフォン用のフォーム画面を作成します。次のようなHTMLを用意しましょう。

```html
<form id="contact" action="" method="post">
  <dl>
    <dt> お名前 <span class="require"> 必須 </span></dt>
      <dd><input type="text" name="name" size="20" /></dd>
    <dt> 御社名 </dt>
      <dd><input type="text" name="corp" size="20" placeholder=" ※個人の方は省略可能です " /></dd>
    <dt> 電話番号 </dt>
      <dd><input type="tel" name="tel" size="15" placeholder=" 例）0001112222" /></dd>
    <dt> メールアドレス <span class="require"> 必須 </span></dt>
      <dd><input type="email" name="email" size="20"autocapitalize="off" autocorrect="off" /></dd>
    <dt> どこで知りましたか？ </dt>
      <dd>
        <ul class="choice">
          <li><input type="checkbox" name="q1" id="q1_1" /> <label for="q1_1"> 検索サイト </label></li>
          <li><input type="checkbox" name="q1" id="q1_2" /> <label for="q1_2"> 郵送パンフレット </label></li>
          <li><input type="checkbox" name="q1" id="q1_3" /> <label for="q1_3"> 知人の紹介 </label></li>
          <li><input type="checkbox" name="q1" id="q1_4" /> <label for="q1_4"> その他 </label></li>
        </ul>
      </dd>
    <dt> ご質問など <span class="require"> 必須 </span></dt>
      <dd><textarea name="message" id="message" cols="20" rows="3"></textarea></dd>
  </dl>
    <div style="text-align: center"><button type="submit"> 送信する </button></div>
</form>
```

サンプル❶
chap04/06/01/

[liveサンプル]
go.ascii.jp/?spb05

このHTMLはHTML5でマークアップしています。PCサイトのフォームのHTMLに比べて、いくつか見慣れない記述があります。

● type属性の拡張

　HTML5のinput要素では、フォームのコントロールに指定できる type属性の種類が増え、「number」や「email」、「date」「color」など、目的に応じて設定できるようになりました。

　type属性を変更すると、スマートフォンではtype属性の値に応じてソフ

トウェアキーボードの表示が自動的に切り替わります。たとえば、iPhoneではtype属性が「tel」のフォームに入力するとき、図❷のような数字キーになります。「email」の場合はメールアドレス入力用の英字キーボードに変わります（図❸）。

ちょっとした違いですが、ユーザーがキーボードを切り替えるストレスを軽減できます。

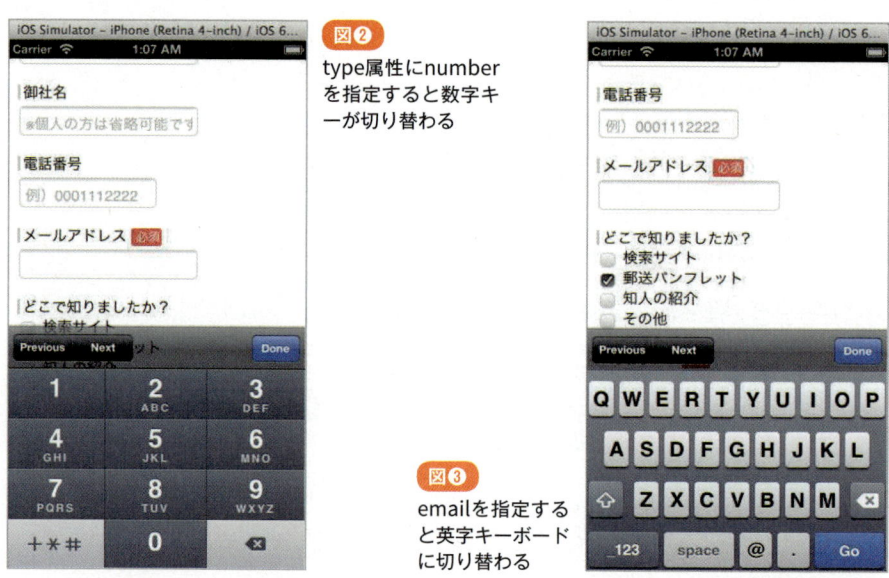

図❷ type属性にnumberを指定すると数字キーが切り替わる

図❸ emailを指定すると英字キーボードに切り替わる

● placeholder属性の追加

HTML5のinput要素には新たにplaceholder属性が追加されています。placeholder属性は、テキストフィールドにあらかじめ薄い文字で注釈などを記載しておいて、実際に入力する段階（ハイライトになった状態）になると表示が消える簡易ヘルプ的な機能です。

PCサイトでもJavaScriptで擬似的に同様の表示を実現しているフォームはありましたが、HTML5では簡単に設定できるようになりました。図❹は、会社名と電話番号の入力欄にそれぞれplaceholder属性を設定しています。

図❹ 会社名と電話番号欄にヘルプを表示している

● **autocapitalize/autocorrect属性（iPhoneのみ）**

autocapitarlize属性とautocoreect属性はiPhoneのMobile Safari専用の属性です。iPhoneには英字入力の場合、入力開始時に自動的にShiftキーが押された状態になり、**最初の文字が大文字になる「オートキャピタライズ機能」があり、標準で有効になっています**[*1]（図❺）。

*1 Safariの設定画面で設定可能

英文を入力するときは便利なものの、メールアドレスなどの入力では不要な機能です。type属性が「email」の場合、iOS 6では自動的に無効になりますが、旧バージョンを考慮し、autocapitarlize属性を「off」として機能を明示的に停止します。

同じく、autocorrect属性では「オートコレクト機能」の有効・無効を設定します。オートコレクト機能とは、英文字を記入するときに正しいと思われるスペルの候補を自動的に表示してくれる機能です（図❻）。

こちらも便利な機能ですが、メールアドレスの場合は一般的ではない単語を使うこともあるので、「off」を設定して無効にしておきます。

図❺ iPhoneでは最初の1文字目が自動的にShiftキーを押した状態になる

図❻ iPhoneでスペルチェック機能が働く

スタイルシートの工夫

続いてスタイルシートを設定していきます。あらかじめ、**reset.css**[*2]をかけた状態で、次のようなCSSを作成します。

*2 reset.css
📖 95ページ

サンプル❶
chap04/06/01/

```css
#contact {
  padding: 10px;
}

#contact dt {
  border-left: 3px solid #ccc;
  padding-left: 3px;
  margin-bottom: 5px;
}

#contact dd {
  margin-bottom: 20px;
}

#contact button {
  width: 80%;
  height: 40px;
  font-size: 14px;
  border: 1px solid #ccc;
  background-color: #ccc;
  border-radius: 3px;
  -webkit-border-radius: 3px;
  -moz-border-radius: 3px;
}

#contact input,
#contact textarea {
  padding: 5px;
  font-size: 100%;
  border: 1px solid #ccc;
}

#contact li {
  margin-bottom: 0.5em;
}

#contact .require {
  background-color: #f33;
  color: #fff;
  padding: 2px;
  border-radius: 3px;
  -webkit-border-radius: 3px;
  -moz-border-radius: 3px;
  font-size: 80%;
  margin-left: 5px;
}
```

装飾系のスタイルについては[3-2]で解説しているので省略します。ポイントは次の2点です。

● テキストフィールドの余白を取る

CSSリセットをかけた状態のテキストフィールドに文字を入力すると、やや詰まった感じがあります（図❼）。そこで、input要素にpaddingプロパティを設定して、少し余白を持たせます（図❽）。ここでは上下左右に5pxの余白を設定し、文字を少し大きくしています。

```
#contact input,#contact textarea {
    padding: 5px;
    font-size: 100%;
    border: 1px solid #ccc;
}
```

図❼ テキストフィールドの余白が狭い

図❽ 余白を設定して文字を見やすくする

● チェックボックスなどの間隔を取る

チェックボックスやラジオボタンなどの細かなパーツはタップしにくいので、少し間隔を取って押し間違いを防ぎます（図❾）。ここではそれぞれ下方向に0.5emの間を空けるようにmarginを設定しています。

```
#contact li {
   margin-bottom: 0.5em;
}
```

図❾ チェックボックスの間が狭いので（左）、間隔を広げてタップしやすくする

●ボタンを大きくする

　送信ボタンも、そのままでは非常に小さく表示されてしまい、押しにくいです（図⓾）。そこで、余白を取ったり、文字を大きくしたりしてスタイルシートを整えて、押しやすく装飾します。

```css
#contact button {
  width: 80%;
  height: 40px;
  font-size: 14px;
  border: 1px solid #ccc;
  background-color: #ccc;
  border-radius: 3px;
  -webkit-border-radius: 3px;
  -moz-border-radius: 3px;
}
```

図⓾　小さくて押しづらいボタン（左）を大きく押しやすくする（右）

JavaScriptで仕上げる

　最後に、HTMLやスタイルシートでは解決できない問題点をJavaScriptで解決しましょう。

●テキストエリアを広げる

　複数行のテキストを入力できる「テキストエリア」は、あらかじめ用意された行数以上のテキストを入力できます。PCのWebブラウザーでは、スクロールバーやマウスホイールの操作でスクロールできますが、スマートフォンではスクロールも指で操作するため、隠れているテキストを確認しづらく、誤操作が多くなります（図⓫）。

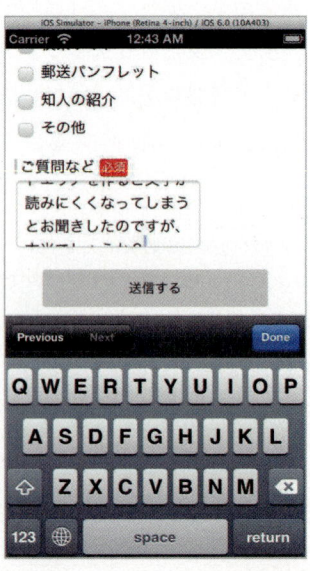

図⓫　スマートフォンではテキストエリアに隠れているテキストが確認しづらい

そこで、スマートフォン向けのフォームでは、入力した行数に応じてテキストエリアを拡張して、テキストエリア内のテキスト全体が常に見えるようにするのが現状では最適な対処と言えます。JavaScriptでいちから作るのはなかなか大変なので、jQueryのプラグイン**「jQuery Autosize」**[*3]を利用してテキストエリアの自動拡張機能を実装しましょう。

*3 http://www.jacklmoore.com/autosize

[4-2]に従ってjQueryをロードし、ダウンロードしたライブラリーファイルをHTMLと同じ場所に配置して、次のように参照します。

```
<script type="text/javascript" src="http://code.jquery.com/jquery-1.8.3.min.js"></script>
<script type="text/javascript" src="jquery.autosize-min.js"></script>
```

jQuery Autosize Pluginは次のようなスクリプトを実行すると有効になります。

```javascript
$('textarea').autosize();
```

サンプル❶ chap4/06/01/

これで、行数に応じてテキストエリアが広がるようになります（図⓬）。

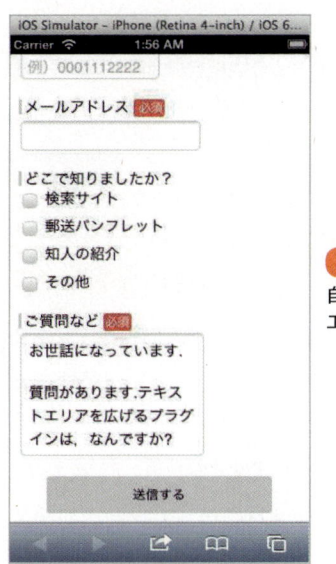

図⓬ 自動的にテキストエリアが広がる

● ラベルを再現する

チェックボックスやラジオボタンの小さなパーツはマウスを使っても正確にクリックするのは大変なので、PCサイトではlabel要素を組み合わせて

クリックできる範囲を広げるのが一般的です（図⓭）。

```
<input type="radio" id="sample1" name="sample" value="1">
<label for="sample1">サンプル</label>
```

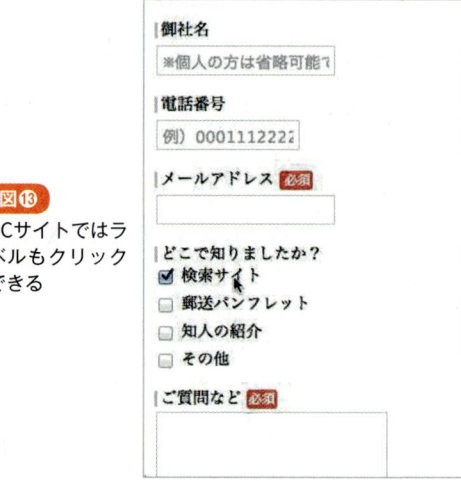

図⓭
PCサイトではラベルもクリックできる

ところが、iOS 4以前のiPhoneでは、label要素はタップ範囲に含まれず、チェックボックスやラジオボタン自体をタップしなければなりません。そこで、JavaScriptでlabel要素の機能を補います。jQueryを使って次のようなスクリプトを記述しましょう。

サンプル❶
chap4/06/01/

```javascript
$('label').click(function() {
    var target = '#' + $(this).attr('for');
    $(t).attr('checked', !$(t).attr('checked'));
});
```

このスクリプトではlabel要素がタップされたとき、for属性に指定されている内容を取得し、id属性が一致するコントロールのchecked属性を変更しています。

`$(t).attr('checked')`は、「現在のチェック状態の逆」という意味で、チェックがすでに付いていれば外し、付いていなければチェックを入れます。

以上で、スマートフォンでも使いやすいフォームが作成できました。スマートフォンのフォームはそのままでは非常に使いにくいので、実機で実際に使い心地を確認しながら、整えていくとよいでしょう。

PCサイトに比べて気を使う点がかなり多く大変ですが、少しでもユーザ

ーの負担を減らせるように工夫しましょう。

jQuery Mobileを利用したフォームの制作

　本文では、CSSやJavaScriptを組み合わせて、フォームを使いやすくするための細かいテクニックを紹介しました。フォームの使いづらさは、スマートフォン向けのCSSフレームワークで解決できる場合もあります。

　たとえば、jQueryの開発チームが配布しているスマートフォン向けフレームワーク「jQuery Mobile」（http://jquerymobile.com/）には、さまざまなフォームパーツが含まれており、次のような特徴があります。

- テキストフィールドやテキストエリアの余白が取られている
- テキストエリアに複数行を入力すると自動的に広がる
- チェックボックスやラジオボタンが独自のスタイルになり、タップしやすい
- ボタンがタップしやすい大きさになる

　加えて、スマートフォンで扱いやすい「スライダー」や「1行ボタン」などの独自のUIも利用できます。

jQuery Mobileにはさまざまなフォームパーツが用意されている

　レスポンシブWebデザインにも対応しており、手軽にスマートフォンサイトを作りたいときには便利です。

もっと知りたい！❽

変換ツールを利用した
既存サイトのスマートフォン対応

　本書では、専用サイトやレスポンシブWebデザインによるスマートフォン向けサイトの制作方法を紹介しました。新規にWebサイトを制作する場合や、小規模なサイトであれば、これらの手段で手作りするのも容易です。

　しかし、すでに何年も運営し続けて、ある程度の規模になっているWebサイトの場合、手作業でスマートフォンに対応するのは、かなり手間がかかることもあります。そこで、最近では、PC向けのWebサイトをスマートフォン向けに変換するツールやサービスが登場しています。

● GOMO（http://www.howtogomo.com/jp/d/）
　グーグルが運営する変換サービス。診断サービスと最適化サービスが提供されており、最適化サービスは1年目が無料、2年目以降が1180円/月で利用できる。

● GENECODE（http://www.symmetric.co.jp/genecode/）
　Webサーバーへ組み込んで動作する、変換エンジン。自動的に全ページを変換できるほか、JavaScriptのコードを利用して細かくカスタマイズできる。年間ライセンス120万円から。

● shutto（http://shutto.com/）
　JavaScriptライブラリーによって最適化をするサービス。登録が必要で、広告が表示される無償版と、年間6万3000円の有償版がある。

　このほかにも、国内外問わずさまざまなサービスがあります。料金や使い勝手などを比較して検討するとよいでしょう。

索 引

■記号・数字

- -moz ... 108
- -ms ... 108
- -o ... 108
- -webkit ... 108
- 3gp ... 127

■A〜G

- addClass()メソッド ... 169
- Adobe Edge Inspect ... 53
- Android Developers ... 34
- Android OS ... 32
- Android SDK ... 49
- Androidエミュレーター ... 48
- animate()メソッド ... 173
- App Store ... 129
- Apple URL Scheme Reference ... 125
- Arial ... 31
- article要素 ... 101
- aside要素 ... 101
- audio要素 ... 113
- autocapitalize属性 ... 181
- autocorrect属性 ... 181
- AVD ... 50
- backgroundプロパティ ... 111
- background-positionプロパティ ... 111
- Bingマップ ... 123
- Bootstrap ... 152
- border-radiusプロパティ ... 105
- canvas要素 ... 113
- CJK統合漢字 ... 37
- CMS ... 58
- CodeKit ... 141
- Compass ... 96
- CSS Transitions ... 176
- CSS3 ... 22,86,96,103,113
- CSSスプライト ... 110
- CSSピクセル ... 71,95
- CSSプリプロセッサー ... 139
- CSSフレームワーク ... 152
- delay()メソッド ... 174
- Device Pixel Ratio ... 164
- device-width ... 95
- document.referrer ... 136
- Droid Font ... 37
- Facebook ... 60,63
- fadeOut()メソッド ... 174
- Firefox ... 37
- Flash Player ... 28,35
- footer要素 ... 101,113
- GENECODE ... 188
- GIF ... 30,36
- GOMO ... 188
- Google Chrome ... 11,27,35,44,108
- Google Play ... 129
- Google音声検索 ... 60
- Googleマップ ... 123

■H〜N

- header要素 ... 101,113
- heightプロパティ ... 112
- Helvetica ... 31
- hide() ... 168
- HTML 4.01 ... 113
- HTML5 ... 22,92,113
- HTMLフォーム ... 178
- indexOf() ... 132
- initial-scale ... 94
- input要素 ... 179
- iOS ... 25
- iOSシミュレータ ... 46
- iPad ... 24
- iPhone 3G/3GS ... 23,95
- iPhone 4/4S ... 23,70,95
- iPhone 5 ... 23,76
- iPod touch ... 24
- iTunes Link Maker ... 128
- Java SE ... 48
- JavaScript ... 22,113,130
- Jetstrap ... 155
- JPEG ... 30,36
- jQuery ... 153,161
- jQuery Autosize ... 185
- jQuery Mobile ... 187
- jQueryプラグイン ... 174
- LESS ... 139
- LINE ... 60
- linear-gradientプロパティ ... 115
- m4v ... 127
- mailto:リンク ... 63
- MAMP ... 40
- max-widthプロパティ ... 148
- maximum-scale ... 94
- media属性 ... 147
- minimum-scale ... 94
- mixin ... 140
- Mobile Safari ... 25
- mov ... 127
- mp4 ... 127
- nav要素 ... 101,113,167
- navigator.platform ... 134
- navigator.userAgent ... 132

■O〜Z

- Opera mini ... 27,37
- Opera mobile ... 37
- Passbook ... 62
- Photoshop ... 83,97
- PHP ... 137
- placeholder属性 ... 180
- PNG ... 30,36,87,120
- position:absolute ... 172
- Quick Time ... 28

索　引

■は〜ん行

radial-gradientプロパティ ……… 117
removeClass ……… 169
Retinaディスプレイ ……… 25,83,164
rgba ……… 110,172
Safari ……… 25,44,108
Safari Web Content Guide ……… 30
Sass ……… 139
Scout ……… 141
SDK ……… 45
section要素 ……… 101,113,167
show()メソッド ……… 169
shutto ……… 188
Siri ……… 60
Surface ……… 38
SVG ……… 30
tel:リンク ……… 61,122
text-shadow ……… 86,110
TIFF ……… 30,36
title要素 ……… 96
Twitter ……… 11,60,63
Typefaces ……… 31
URLエンコーディング ……… 126
user-scalable ……… 94,95
video要素 ……… 113
Viewport ……… 93,149
WebClip ……… 65,120
WebKit ……… 25,26,35,44,108
WebView ……… 26
Webサーバー ……… 39
widthプロパティ ……… 112
Windows 8 ……… 38
Windows Media Video ……… 28
Windows Phone ……… 23,38,52
XAMPP ……… 42
Xcode ……… 46
YouTube ……… 28,126
Zenback ……… 64

■あ〜か行

アイコン（UI） ……… 74
アクセスキー ……… 20
アニメーションキュー ……… 174,175
インブラウザーデザイン ……… 81,152
エディター ……… 39
絵文字 ……… 19
折りたためるパネル ……… 78
角丸 ……… 86,104
画面設計 ……… 70
グラデーション ……… 86,115
携帯サイト ……… 19
検索エンジン ……… 59
構造設計 ……… 56
ゴール設計 ……… 60
コントラスト ……… 89

■さ〜た行

サイト設計 ……… 56
シミュレーターソフト ……… 45
スタートボタン（UI） ……… 74
スマートフォン専用アプリ ……… 21
スマートフォン専用サイト ……… 16
セレクター ……… 114,162
全画面モード ……… 72
ソーシャルメディア ……… 60
タブ（UI） ……… 78,166
ダブルタップ ……… 73
デザインカンプ ……… 81
テストサーバー ……… 40
デッドポイント ……… 75
デベロッパーツール ……… 158
電話番号へのリンク ……… 122
ドラッグ＆ドロップ ……… 113
ドロップシャドウ ……… 110

■は〜ん行

ハイブリッドレスポンシブ ……… 144
パラメーター ……… 163
バルーンポップアップ ……… 65,171
半角カナ ……… 19
標準パーツ ……… 85
ヒラギノ角ゴシック ……… 31
ヒラギノ明朝 ……… 31
ピンチイン・アウト ……… 10
フィーチャーフォン ……… 13
プッシュ通知 ……… 113
ブラウザ（Android） ……… 35
プラグイン ……… 35
ブレイクポイント ……… 145
プロトタイピング ……… 69
プロトタイプ ……… 70
変数 ……… 140
ベンダープリフィックス ……… 108
ホーム画面 ……… 65,119
ポップアップブロック ……… 29
マップアプリ ……… 61,123
マルチスクリーンサイト ……… 17
マルチデバイスサイト ……… 17
メソッド ……… 162
メソッドチェーン ……… 174
メディアクエリー ……… 146
文字コード ……… 28,36
ユーザーエージェント ……… 44,131
リキッドデザイン ……… 17,84
リスト（UI） ……… 74
リセットCSS ……… 95
流入 ……… 59
リンク ……… 89
レスポンシブWebデザイン ……… 16,144
ロールオーバー ……… 90
ワイヤーフレーム ……… 69

[著者プロフィール]
たにぐちまこと
株式会社エイチツーオー・スペース 代表取締役／anygraphica プログラマー

Webサイト制作ユニットanygraphicaのプログラマーとしてWebサイト制作に携わるかたわら、CSS NiteやAndroid Bazaarなどでの講演活動、テクニカルライター業など Web業界の教育事業に取り組んでいる。近年は、スマートフォン向けのサイト制作や、JavaScriptを活用したWebサイトデザインなどが主な業務。主な著書に『よくわかるPHPの教科書』、『よくわかるJavaScriptの教科書』（共にマイナビ刊）などがある。

●本書の読者アンケート、各種ご案内、お問い合わせ方法は、下記をご覧ください。
http://asciimw.jp/
※本書の記述を超えるご質問（ソフトウェアの使い方など）にはお答えできません。

デザイン	● POWER HOUSE（大谷昌稔・村奈諒佳）
カバー撮影	● 三浦健司
イラスト	● 三田村有美
編　集	● 小橋川誠己（Web Professional編集部）

iPhone+Android
スマートフォンサイト制作入門［改訂新版］

2013年3月4日 初版発行

著　　者	たにぐちまこと
発 行 者	塚田正晃
発 行 所	株式会社アスキー・メディアワークス
	〒102-8584　東京都千代田区富士見1-8-19
	電話 0570-003030（編集）
発 売 元	株式会社角川グループパブリッシング
	〒102-8177　東京都千代田区富士見2-13-3
	電話 03-3238-8605（営業）
印刷・製本	大日本印刷株式会社

本書は、法令に定めのある場合を除き、複製・複写することはできません。
また、本書のスキャン、電子データ化等の無断複製は、著作権法上での例外を除き、禁じられています。代行業者等の第三者に依頼して本書のスキャン、電子データ化をおこなうことは、私的使用の目的であっても認められておらず、著作権法に違反します。
落丁・乱丁本はお取り替えいたします。購入された書店名を明記して、株式会社アスキー・メディアワークス生産管理部あてにお送りください。送料小社負担にてお取り替えいたします。
ただし、古書店で本書を購入されている場合はお取り替えできません。
定価はカバーに表示してあります。

ISBN978-4-04-891227-3 C3004
©2013 MAKOTO TANIGUCHI　　　　　　　　　　　　　　　　Printed in Japan

レスポンシブWebデザイン
スケッチシート

- レスポンシブWebデザインによるサイト制作に使える「スケッチシート」です。サイト企画時のコンテンツの洗い出しや、スクリーンサイズごとの大まかなレイアウトを検討する際に書き込んでご利用ください。

- フレームの横幅は、本書の145ページで紹介したブレイクポイントをベースに作成しています。左から、スマートフォン（縦）、スマートフォン（横）、タブレット、PCを想定しています（PC大については省略）。

iPhone+Androidスマートフォンサイト制作入門 [増補改訂版]

MEMO:

Sketch Sheet for Responsive Web Design